地震预测预报
相关的重要科技挑战

（2019年）

"地震预测预报二十年发展设计"工作组

地震出版社

图书在版编目（CIP）数据

地震预测预报相关的重要科技挑战. 2019 年 /"地震预测预报二十年发展设计"工作组编著. -- 北京：地震出版社，2018.5

ISBN 978-7-5028-4971-9

Ⅰ. ①地… Ⅱ. ①地… Ⅲ. ①地震预测 — 研究 — 中国 ②地震预报 — 研究 — 中国 Ⅳ. ① P315.75

中国版本图书馆 CIP 数据核字（2018）第 080781 号

地震版 XM4181

地震预测预报相关的重要科技挑战（2019 年）

"地震预测预报二十年发展设计"工作组

责任编辑：赵月华

责任校对：刘　丽

出版发行：**地 震 出 版 社**

北京市海淀区民族大学南路 9 号　　　　邮编：100081

发行部：68423031　68467993　　　传真：88421706

门市部：68467991　　　　　　　　传真：68467991

总编室：68462709　68423029　　　传真：68455221

http://www.dzpress.com.cn

经销：全国各地新华书店

印刷：北京地大彩印有限公司

版（印）次：2018 年 5 月第一版　　2018 年 5 月第一次印刷

开本：787×1092　1/16

字数：92 千字

印张：4.5

印数：0001 ～ 1000

书号：ISBN 978-7-5028-4971-9/P（5674）

定价：38.00 元

目　录

一、现代科学技术和现代社会中的地震预测预报问题 ………………………1

二、地震预测的科技需求 ………………………………………………………11

三、地震预测研究总体思路发展的需求 ………………………………………21

    附录1　从地震监测预报实验场到地震科学实验场 ………………………29

    附录2　地震预报实验场：科学问题与科学目标 …………………………45

一、现代科学技术和现代社会中的地震预测预报问题

开展"地震预测预报二十年发展设计"工作,对推进地震预测预报业务的发展具有深远的意义,因为"不谋万世者不足以谋一时,不谋全局者不足以谋一域"。唯其如此,我们把"发展设计"理解为一个动态的、开放的、包容的过程,即通过不断的调研、沟通、讨论,进行观点碰撞,鼓励学术争鸣,培育操作性共识,关注颠覆性技术。

发展设计工作的初步结果,是形成了《地震预测预报相关的重要科技挑战》"白皮书"(2017版、2018版),现在的文本是这一系列的延续。"白皮书"的文本采用了与发展规划相似的结构和风格,以方便与未来的发展规划进行对接。但同时,发展设计又与发展规划不同:发展设计的关注范围更大、关注的问题更偏于基础,既有地震预测预报研究,又有预测预报业务;既有地震预测预报科技,又有预测预报"科技产品"的应用;既有眼下非常现实的工作,也有现在条件下看来并不成熟的议程。发展设计也关注一些实施层面的问题,但主要还是在战略层面,关注"发展议程"问题。

发展设计甚至试图形成一个符合现代科技发展趋势、符合中国国情、符合地震预测预报科学规律的"地震预测预报的现代理论"框架。一个问题是,在一个并不成熟的研究领域中,是否可能有理论。对此,我们的认识是,理论的产生常常并不是在实际工作完成之后,而恰恰是在实际工作进行的过程之中。理论的功能无非是把手头所掌握的(有时看上去彼此并没有什么联系的)东西联结成一个逻辑自洽的框架,并且据此对未来可能得到的东西有所推测。因此理论并不神秘,它要回答的问题,简单地说,就是现在和将来应该重点关注哪些问题(就是我们常说的"议程"问题);还有,为什么要关注它们、它们之间是什么关系。

理论的目的是为了和实际工作之间形成一种相互作用（如果不是"指导实际工作"的话），但是，理论工作也绝不要梦想实际工作对你"言听计从"；而即使实际工作对你"言听计从"，也不一定就能取得实效，因为在实际情况下，好主意可能有很多，但决策只能有一个。在这个意义上，发展设计一方面试图对地震局的决策提供参考；但同时，坚持不讨论具体的项目、工作、政策、制度、改革，甚至在"提法"上也有意与目前的主流学术概念体系和行政概念体系保持一定距离。这样做既不说明我们的理论探讨具有"超前性"，也不说明我们的理论探讨"不符合实际"。玻尔说过：与一个正确的陈述相对立的，是一个错误的陈述；但与一个真理相对立的，可能是另一个真理。发展设计工作一方面要立足实际、从实际出发，力求在与实际工作的"相互作用"中有所作为，另一方面也要保持"坐冷板凳"的定力。如严复所说，"治学"与"治事"，"惟其或不相侵，故能彼此相助"。

作为与《地震预测预报相关的重要科技挑战》"白皮书"（2017版、2018版）的衔接，本章将两个"白皮书"中的重要观点归纳如下。

（一）相应于各时空尺度的地震预测预报，虽在能力提升方面尚有相当大的发展空间，却均对防震减灾工作有实际的支撑作用

长期地震预测通常是指时间尺度为十年的预测。与其他科学分支（例如气象学）中的"长期预测"的定义不同，长期地震预测通常不是指一个较长的时间以后的一个时间范围内发生地震的概率，而是从现在开始起算的一个较长的时间里发生地震的概率，因而，通常所说的由于非线性效应（例如"确定性混沌"或"自组织临界性"）而引起的长期预测的实质性的困难，并不简单地适用于长期地震预测的情况。长期地震预测直接为十年或十五年尺度的"地震重点危险区"的确定，并进而为"地震重点监视防御区"（简称"重防区"）的

确定服务，因而对减轻地震灾害损失风险具有重要的应用价值。

中期地震预测通常是指时间尺度为年的预测。中期地震预测的两个重要的服务形式，一是三年时间尺度的"地震大形势"估计，二是年时间尺度的"年度地震趋势会商"。这两种地震趋势估计对于有重点地加强防震减灾准备非常重要，并且因其是一项长期坚持的、真正意义上的"向前预测"检验，而具有不可取代的科学价值。

一次强震发生后对地震序列类型的判断和在"主震－余震型"序列的情况下对余震趋势的预测（包括余震持续时间、最大震级、最可能地点等的预测），具有相当的科学基础，对震后紧急救援行动的部署和震后重建的规划等均有十分重要的意义。

短临地震预测包括短期预测（即对3个月内将要发生地震的时间、地点、震级的预测）和临震预测（即对10日内将要发生地震的时间、地点、震级的预测），目前还是一个科学难题。类似于1975年海城地震那样具有明确的"前兆信息组合"的地震，仅占全部地震的一个非常小的比例。在一些罕见的幸运情况下，依靠现有的观测手段和预测预报经验，可以对一些类型的地震进行某种程度的短临预测预报。地震预测领域中对"一些类型""某种程度"的短临预测的重视，同震害防御领域中的活断层避让、地震监测领域中的地震预警系统（EEWS）一样，与应急救援领域中"生命至上"的理念和"不抛弃、不放弃"的原则是一致的。

（二）"近年来地震预测预报研究没有显著进展"的说法并不符合实际

就全球尺度看，绝大多数强震分布在板块边界带上；就中国大陆的尺度看，绝大多数强震分布在活动块体边界带上。这是半个多世纪以来关于地震和地震预测预报问题的最重要的科学认识。现今中国大陆构造变形以活动地块运动为主要特征，不同活动地块之间的运动、变形和深部结构等的差异主要集中在各活动地块之间的边界带上，该边界带是我国陆区最基本的和最重要的强震带，是强震孕育、发生的主体地带。根据有史以来地震记录的统计分析，100%的8级以上巨大地震发生在Ⅰ、Ⅱ级活动地块边界带上，86%的7～7.9级大地震发生在Ⅰ、Ⅱ级活动地块边界带上，显示了我国陆区的强震空间分布与活动地块边界带紧密相关、震级越高与活动边界的相关程度越高、高层次的地块控制高震级地震的显著特征。这是二十年来关于大陆地震及其预测预报问题的最重要的科学认识。

二十年来科学上的另一个重要进展是，对于一项短临预测研究成果究竟在科学上有什么价值，已形成规范的检验标准。其中最为重要的三个概念，一是环境干扰排除的规范，二是异常信息识别的判据，三是预测预报效能的检验。按照科学规范的检验标准，通过震情会商，考察"疑似"的"异常"是否可能具有科学价值和实际意义，从而在出现一些"异常"或"预测意见"的情况下能够做到科学分析、理性判断、及时处置、有序应对，也是社会对地震预测预报业务的一个重要需求。

在地震预测实践方面，基于重点地震危险区的重点监视防御区，对7级左右及以上地震的预测效果较好，近年来发生的7级以上地震，都处于十年尺度重点地震危险区内。有监测能力地区的年度危险区对于6级左右地震的预测，准确率达到64%。基于周、月会商工作机制，通过密切跟踪地震活动与前兆异常变化，在约40%的6级地震发生前做出了一定程度的实验性短期预测预报，但由于其不确定性程度较高，正式上报的比例不是很大。此外，基于对地震过程的认识和对地震的快速分析，已经有能力对地震序列类型和余震趋势做出比较好的总体判断，从而帮助进行震后的救援、恢复、重建。

基础研究对地震预测研究实践具有十分重要的意义。例如，在目前逐步形成"品牌"的十年尺度重点地震危险区确定的工作中，震级的确定主要依据活动构造块体边界带、强震破裂空段与地震空区、断层闭锁段与应力积累段的信息，地震地质发挥了重要的支撑作用；发震地点的确定主要依据小震稀疏段、地震丛集率、震源参数一致性、以及震级－频度关系系数（b值）的信息，地震学发挥了重要的支撑作用；十年尺度发震时间的确定主要依据GNSS观测、垂直形变观测、流动重力观测、跨断层形变观测的信息，大地测量学发挥了重要的支撑作用。

（三）"国际科学界并不关注和研究地震预测预报"的说法并不符合实际

地震预测预报问题一直是国际地震科技领域密切关注的科学问题之一。国际地震学与地球内部物理学协会（IASPEI）分别于1991和1997年通过决议，支持国际合作地震预报实验场项目。2005年，IASPEI通过决议，支持监测地球介质动态变化的主动源监测工作。2009年，IASPEI通过决议，支持地震预测预报研究和地震预测预报方法的科学检验。APEC地震模拟合作计划（ACES）、地震可预测性研究国际合作计划（CSEP）等都是近年来较活跃的、直接面对地震预测预报的基础研究的国际合作计划。

当代地球科学的学科交叉和集成带动了地震科学技术的不断创新，也为向地震预测预报这一世界性科学难题发起新的冲击创造了条件。新的观测技术和实验技术给地震预测预报研究不断注入新的生机和活力。地震科学经过一个多世纪的发展，已成为一个以观测为基础、理论体系较为完整、紧密结合实际的科学领域。地球过程观测的长期优势开始显现，为做出新发现和回答很多久已提出的科学问题提供了良好的条件。"实验"的概念大大扩展，面向地球的大尺度可控实验与主动探测和密集观测之间的界限开始突破。高性能计算成为科学数据处理和地球过程模拟的重要手段。所有这些都为地震预测预报的研究和实践提供了新的发展的基础。

关于地震预测研究，媒体报道中颇多误导。例如，一个广为流传的说法是，国际同行一般不研究地震预测问题。实际上，这是一种文化差别：中文中的"地震预测"或"地震预测研究"，与英文中的earthquake forecast/prediction (study)并不一一对应。国外研究地震危险性（seismic hazard），但不一定叫"长期地震预测"；国外研究"时间相依的"地震危险性（time-dependent seismic hazard），但不一定叫"中长期地震预测"；国外研究余震概率（aftershock probability）或地震相互作用（earthquake interaction），却不用"地震类型和强余震趋势预测"的提法；国外有人发展地震预测的统计检验，但认为这是和地震预测"对着干"的。从更宽的领域看，国外专家搞的地震构造、地震物理、地震活动性分析，在中文的分类中，都属于"地震预测研究"，但国外很多做这些工作的专家，却断然否认自己的研究属于地震预测。一个综合了地质、地球物理、大地测量研究、近年来迅速发展的领域，有时不太简洁地称为"地震孕育全过程的面向预测的模拟"（predictive modeling of seismic cycle），事实上也属于我们所说的"地震预测研究"。因此，看"实"不看"名"，就像中国的（吉祥的）"龙"实际上并不是西方的（长着翅膀的、凶恶的）"dragon"一样，说国际地震研究领域中事实上很多人都在搞地震预测研究，也不是夸张之语。

（四）地震预测预报业务是一个系统工程，亟待现代化的转型升级

短临地震预报目前仍是一个世界性的科学难题。尽管如此，科学界的主流

共识是，在科学上，要通过坚持不懈的探索，尽可能地扩展对地震的"可预测性"（predictability）的科学认识；在技术上，要通过研发，最大限度地利用现有的关于地震成因机理和地震预测预报的科研成果；在工程上，要综合性地考虑现有的科技能力和社会需求，以求达到最大限度减轻地震灾害风险的效果。

形成和不断提升与现代科技发展水平相适应的地震预测预报能力，形成和不断提升与防震减灾国家目标相适应的各类地震预测预报信息的科学、精准使用能力，是防震减灾事业发展的一项重要任务，也是地震预测预报工作的主要发展目标。

科技部于2009年以国标形式（GB/T 22900—2009）引入技术成熟度水平（TRL）的概念，按照技术发展过程，将技术成熟度划分为9级。从基本原理（TRL-1）、技术概念（TRL-2），……到通过验证的系统（TRL-8）、实际应用的系统（TRL-9），需要经历基础研究、应用基础研究、应用研发、应用试验、实际应用的各个环节，即"科学到技术、技术到能力、能力到服务、服务到效益"的转化。TRL最初是针对武器研制、航空航天等"大科学"工程提出的，不一定完全适用于地震监测预报。但是，借鉴TRL的概念和思路，及其背后的系统工程的概念和思路，可给我们的发展设计以有益的启发。一定意义上，监测预报领域的公共服务，也应逐步实现"应用一代、试验一代、研发一代、探索一代"的发展方式。

地震监测和地震预测预报相关的公共服务，涉及到两个层次的技术成熟度水平提升。就监测来说，一是从科学原理和观测设备到实际监测系统的转化，二是从监测数据到分析结果的转化。就预测预报来说，一是从监测系统到监测产出的转化，二是从监测产出到预测预报结论的转化。这两个方面、两个层次的转化，都是以地震科技的发展为基础的。

地震预测预报的公共服务，反过来也可以从体系建设的角度，倒逼相关领域的科技进步和观念转变。与例如军工、航天等大工业、大科技领域相比，不能不说地震预测预报领域目前还存在诸多技术和观念上的不适应和相当大的改进空间。在目前地震预测预报的语境中，只有2004年年度地震趋势会商与2014年年度地震趋势会商的区别，而没有"2004版年度地震趋势会商"与"2014版年度地震趋势会商"的区别。从基础研究、应用基础研究，到应用研究再到应用的技术成熟度水平提升的概念，也没有很好地进入地震预测预报业务；从基础研究到应用的"短路"是经常发生的事情。从公共服务"产品"的视角看，这些方面的变革是必然的。

（五）地震预测预报研究的突破取决于对一些广为接受的基本概念的放弃或更新

通常所说的"长中短临"，更多地是经验性的、从实际应用的角度考虑的时间尺度。物理上，更值得重视的应是地震孕育的"晚期"或"临近"地震发生的阶段所做出的预测预报。不同区域、不同震级地震的孕育时间不同，因此地震发生前"临近"阶段的时间尺度也不同。地震震级越高，发震构造运动速率越低，地震孕育过程就越长，相应的"临近"阶段的时间也就越长。经验表明，类似于"短临前兆"的"临近"前兆，对7级左右和7级以上地震，出现的时间远早于5、6级地震；对7级左右和7级以上地震，其"临近"前兆可能的持续时间可达年尺度乃至更长时间。把针对强震的"临近"预测预报，以及围绕"临近"预测预报的各个时间尺度、根据现有的科学认识能力和技术水平所采取的防震减灾措施作为重点，是减轻地震灾害风险的必然要求。

尽管地震预测预报研究的最终目标是实现物理预测预报，但在目前地震预测预报的科学水平条件下，统计预测预报、经验预测预报、物理预测预报的并行发展、优势互补，仍是一个现实的发展路径。在统计预测预报方面，要深入研究地震活动概率的物理意义、确定方法与实际应用；深入研究地震预测预报方法的统计检验问题，缩小与世界先进水平之间的差距；开展"新参数地震目录"研究，把地震统计的对象从传统地震目录扩展到新的地震目录。在经验预测预报方面，要密切关注基础观测数据的可靠性问题，规范在分析观测数据时核实异常与排除干扰的方法；深入研究预测与决策理论、博弈论的基本问题，用于地震预测预报意见形成过程中的决策辅助；通过经验的总结、经验的量化、经验的统计检验，对现有经验进行提炼和加工；进一步总结"场兆"和"源兆"的行为特征，并建立相应的物理模型与分析方法；采用虚拟现实、可视化等新技术，优化经验的形成和经验的训练过程；提供地震背景场信息产品，服务于"异常"的识别；面向新的观测技术与方法，不断积累新的经验。在物理预测预报方面，要根据新的"地球物理实验"的概念，开展面向地震预测预报的科学研究，探索地震孕育的物理过程和不同阶段孕震特征；发挥观测优势和观测资料积累优势，密切关注时变（time lapse）地球物理过程的研究；面向地震断层带的物质结构和力学性能，结合地震震源区的结构和物性，联系震源区的流体和热过程，开展从微观到宏观的"广谱"观测研究，理解地震的机理，探索地震预测预报问题；通过数值模拟，研究多尺度、多单元相互作用的地震模型中地震活动和地震前兆的行为，为地震预测预报实践积累经验；根据不同地区的地震孕育和发生的具体模型，根据对前兆与应力场的关系（"场兆"）、前兆与发震断层的"失稳"的关系（"源兆"）的理解，确定"目标地震"的"预期前兆"的观测、监测和预测检验方案。

防震减灾科技中，一般将预测作为科学界内部关于地震趋势的判断，将预报作为根据科学判断通过政府传递给社会的信息，这个约定与其他领域不尽相同。值得指出的是，在地震预测预报业务的"需求侧"，经济、社会的发展和技术的进步，给地震预测预报的应用带来新的发展空间。例如，在没有"灾害情境构建"技术的条件下，公众对地震预测预报信息的应用只能是"大而化之"的。在没有地震预警（earthquake early warning）技术的条件下，人员疏散是对短临地震预测预报的最有效的响应对策，但同时虚报的负面影响也随之而来，并且随着经济社会的发展而愈加严重。然而，随着新技术的发展，这种情况开始出现根本性的变化。信息时代，"精准信息"与"精细信息服务"之间的区别愈加明显，就是说，恰当地使用不够精准的信息，仍可以根据服务对象的需要提供精细的信息服务；相反，精准的信息如果使用不当，也达不到精细服务的要求。近年来，随着我国经济、社会的快速发展，公众对减少地震造成的损失的要求、对减轻地震灾害损失风险的要求越来越高，对各类地震预测预报信息的针对性、时效性、科学性和透明度的要求越来越高，地震预测预报相关的社会治理和公共服务的体系化、精细化、个性化，已成为可以预见的发展趋势。这就需要我们转变长期以来形成的关于地震预测预报的观念和由这些观念所产生的习惯性的做法。

二、地震预测的科技需求

在2017年版《地震预测预报相关的重要科技挑战》"白皮书"中，讨论了目前地震监测预报工作的重要实践议程，包括：（一）以大陆强震动力学为基础的中国大陆7、8级地震中长期危险性预测；（二）旨在把握强震发展趋势的地震大形势预测；（三）以多学科地震"前兆"异常变化为基础的短临地震预测预报探索；（四）以序列类型判定和强余震趋势预测为基本内容的震后趋势预测预报；（五）针对重点监视防御区、年度危险区的"观测密集型"震情跟踪实验；（六）新的会商机制；（七）地震预测预报业务信息化；（八）可操作的中国地震预报。"白皮书"讨论了地震预测预报研究探索的重要科学议程，包括：（一）强震区深部地球物理场和地球化学参量的基本背景的探测、地球物理场和化学参量的动态演化特征；（二）主要发震断裂的分布特征与活动习性、中长期地震活动特征；（三）地震"前兆"机理与识别判据、地震孕育和发生过程的物理模型与数值模型；（四）水库诱发地震、矿山地震、火山地震研究与"新型地球物理实验"；（五）国家地震监测预报实验场；（六）分布式统一地震预报实验；（七）电磁卫星等空间对地观测的应用研究。

在2018年版《地震预测预报相关的重要科技挑战》"白皮书"中，讨论了地震预测对观测仪器和观测系统的新的需求与挑战，包括：（一）数据密集型近震源观测实验；（二）颤动事件的观测研究；（三）断层强度的度量与断层应力水平的度量；（四）距下次破裂的时间和阶段确定；（五）设定断裂的"面向预测的监测和模拟"；（六）地震预测实验场的"协同分布式实验"（CDEs）；（七）与深钻结果相适应的前兆监测；（八）与短临预测配合的EEWS+；（九）与短临预测配合的次生灾害防范。其中部分内容与2017年版中的重要科学议程有所重叠。"白皮书"还讨论了地震预测预报的公共服务清单问题，建议了地震活动性信息、地震速报、地震应急处置科技支撑信息，十年地震危险区与地震重点监视防御区、年度地震危险区、地震序列类型判定和强余震趋势估计、短临预测与重点时段重点地区震情跟踪监视、地震预测预报的评估等3+5类公共服务，建议了项目名称、公共服务的法律与政府职能依据、直接服务对象、作用、服务的表现方式、提供途径、能力现状、服务质量评估的定量指标、服务使用方式的政策建议、服务提供方式的政策建议等十项内容。

作为参考，2017年版"白皮书"提供了《国家地震科学技术发展纲要（2007—2020年）》提出的与地震预测预报有关的重点领域、发展思路和优先主题（附录5）、IRIS战略研究报告（2008）提出的与地震预测预报有关的重要科学问题（附录6）；2018年版"白皮书"提供了《国家地震科技创新工程》中与地震预测预报直接相关的"解剖地震"计划（附录2）、"十三五"地震监测预报发展规划（附录3）。

这里，作为前述讨论的继续，重点讨论地震预测的科技需求[1]。

（一）地震地质科技需求

强震多发生在已有断层上，这一说法当前至少对于中国大陆大多数强震来讲是正确的，因此地震地质是地震预报非常重要的研究基础和重要组成部分。

---

[1] 作者：整体工作：邵志刚、周龙泉；各学科负责：武艳强、吕坚、冯志生、孙小龙、程佳；其中，测震学科参加人员：宋美卿、郑建常、谭毅培、李丽、王晓山、张辉、冯建刚、赵小艳、王芃、徐晶、刘月、邹镇宇、余大新、王振东、查小惠、尹晓菲、洪德全、马婷、邓莉；形变学科参加人员：闫伟、马栋、李瑞莎、占伟、陈长云、季灵运、冯蔚、刘晓霞、刘琦、王静、张璇、叶庆东、赵静旸、庞亚瑾、郭博峰、郑智江；重力学科参加人员：陈石、王武星、胡敏章、韦进、王新胜、刘子维、张晓彤、江颖、张坤、李盛、陈丽、李红蕾；电磁学科参加人员：何康、方炜、陈斌、袁洁浩、谭大诚、张学民、汤吉、姚丽、倪喆、解滔、姚休义、何畅、王粲、陈双贵、苏树朋、宋成科；流体学科参加人员：司学芸、周晓成、杨鹏涛、王俊、王博。相关工作得到中国地震局监测预报司的支持。

具体来讲主要有如下需求：①发震构造确定；②断层几何性质；③历史地震、古地震和断层运动特征。

1.发震构造确定

自2013年芦山7.0级地震后，中国大陆地区发生了多次6级以上浅源地震，但其中一半以上在地震发生后才确定发震断层，例如，2013年7月22日甘肃岷县－漳县6.6级、2014年8月3日鲁甸6.5级、2014年10月7日景谷6.6级、2015年7月3日新疆皮山6.5级、2016年1月21日青海门源6.4级、2017年8月8日四川九寨沟7.0级、2017年8月8日西藏米林6.9级地震等；震后去确定这些地震发震断层的走向、倾向，并给出了一些新的断层命名，例如包谷垴断裂、树正断裂等，而且有些地震是7级左右地震。上述震例表明当前6级以上地震的发震构造确定与实际地震预测需求尚存在较大差距。因此地震预测特别需要在震前明确潜在震源区，至少6级以上地震的发震构造应相对比较明确。

2.断层几何性质

潜在震源区具体断层段的断层三维几何性质，对于地震预测特别重要，具体是指断层走向、倾向、滑动角。例如，在以地壳变形观测为约束来反演断层运动特征时，断层的走向和倾向如果有相对可靠的结果，将大大提高反演的效率和精度；在利用数值模拟分析断层应力累积变化过程时，断层走向、倾向、滑动角均对结果有非常大的影响。

3.历史地震、古地震和断层运动特征

地震预测研究有两个基本理论模式，即震级可预测模型和时间可预测模型，在实际预测预报实践中依据不同资料这两个预测模型均有较广泛的应用，而应用基础则是相对明确的历史地震、古地震和断层运动特征。

基于历史地震和古地震研究，可以确定具体断层强震原地复发周期和最近强震离逝时间，以此来进行具体断层段孕震早、中、晚阶段的初步判定。这也是断裂带上强震破裂空段（一类空区）的判定基础，而强震破裂空段是长期地点预测最重要的判定依据。

根据现今断层运动反演结果，结合最新地质时期断层运动特征和最近强震离逝时间，可以定量判定断层闭锁程度、断层位移亏损量，进而给出震级和地点的长期预测结果。

4.断层模型构建

断层模型是指围绕特定研究区系统收集整理包括断层的几何学、运动学、动力学等基础信息，结合地震地质资料、地球物理探测、地震学、钻孔等资料，确定研究区的断层系统信息。断层模型包括断层的类型、分段及长度、滑动速率、历史地震及断层在地表以下的空间三维结构等信息，也包括已有资料的可靠性和丰富性评价等。随着新资料、新认识、新方法、新理论的不断汇集引入，断层模型的版本需要及时升级以确保模型的日臻完善。

（二）动态场研究需求

在上述变形模型研究过程中非常重要的约束是地球物理场的观测资料，根据观测目标可以分为地壳变形速度场、壳幔密度场、壳幔热力学场等方面的数据同化和针对地震预测的研究产出，具体需求是构建统一大地测量模型、统一壳幔密度模型、统一壳幔热力学模型。

1.统一大地测量模型构建

从传统大地测量到现代大地测量，其成果产出被广泛应用于地震研究中。

首先通过统一大地测量模型，将微波测距历史资料、连续GPS、流动GPS、InSAR、钻孔应变（含激光应变以及发展中的光纤应变）、水准资料、跨断层观测（跨断层水准、跨断层基线、红外测距等）、定点形变资料（体应变观测、倾斜观测等）等大地测量观测资料进行数据同化，产出可靠的区域地壳速度场、应变率场、同震位移场等基础研究资料。近年来，大地测量模型的概念已经从传统的静态模型向动态模型发展，由个别观测手段向多观测手段融合发展。

以GPS资料为例，不同研究目标所需观测密度不同，针对中国大陆地震预测研究需要基于地壳变形观测应开展如下研究工作：

1）现今板块边界作用方式及其地壳变形影响

板块运动作用方式主要包括持续加载作用和板块边界强震影响。对于印度板块、菲律宾海板块和太平洋板块的具体板块作用方式和调整过程，目前震情跟踪中所用的连续GPS长基线的方式比较片面，很难定量确定具体板块边界动力作用，主要是因为缺少相关观测。例如印度板块与欧亚板块陆陆碰撞作用下的喜马拉雅弧两侧的GPS观测空间覆盖均比较差，更不要说长时间连续观测资料，所以震情跟踪中只能利用几条基线来分析印度板块边界动力作用。

2）现今活动块体细化与变形特征

对于活动块体的整体刚性运动特征描述，至少需要台间距50 km的连续GPS观测。而对于活动块体变形机制的研究，需要连续GPS覆盖从板块边界到具体块体之间的区域。对于活动块体内部具体连续变形或非连续变形，则需要至少密度达到20 km左右的连续观测或流动观测。

3）现今断层变形特征与断层物理性质确定

GPS 观测到的地壳变形速率是反演现今断层运动特征有效的观测约束。美国南加州重点地区GPS站点密度达2 km左右（其中连续GPS观测密度6—8 km），得到断层运动反演结果空间分辨率较理想、弹性孕震层2—5 km、中下地壳10—20 km。现今中国大陆地区观测能力是远远不够的，但要达到美国和日本的监测能力也不是一蹴而就的。比较现实的监测方案是针对重点断层段做跨断层加密剖面观测，剖面测点数15—20，台间距由断层附近的2—5 km到远场的20 km；剖面间沿着断层走向布设20 km台间距的加密观测，这些台距离断层最好能在10 km以内。上述方案，经过理论测试基本能满足识别7级以上地震凹凸体的研究需求。

对于确定断层物理性质，更需要基于断层运动速率的动态演化过程，至少需要上述跨断层剖面观测中的GPS测点均是连续观测，且连续观测时间需5年以上。

4）现今壳幔粘滞结构

壳幔深部动力作用的研究基础是壳幔粘滞结构的确定，而现今粘滞结构确定主要应用两方面地壳变形观测资料：一是区域地壳变形速率可给出壳幔长期粘滞系数，台间距20 km左右；二是震后地壳变形位移，给出壳幔短期粘滞系数，最好震源区近场和远场均有较好的覆盖，而且最好震前有两年以上观测资料以用于去掉区域背景地壳变形的影响。

只有区域壳幔粘滞结构相对比较准确，才能做好强震震后影响、区域长期构造作用、板块边界动力作用等方面的研究工作。

需要说明的是，上述大地测量模型构建是针对中国大陆西部调研的科技和监测需求，但对于区域地壳变形速率和断层运动速率都很小的中国大陆东部地区，存在很多不适应的地方，需要有针对性地开展调研。

2. 统一壳幔密度模型构建

2008年汶川8.0级地震后，流动重力观测异常成为年度危险区判定的重要依据。从观测物理量来讲，重力观测变化是荷载变化（比如壳幔物质的密度变化）

引起的，而重力观测本身同样需要数据同化，给出统一区域壳幔密度模型。

现有重力观测有流动重力、固定重力台站、卫星重力等观测，不同观测各有优缺点。例如，卫星重力时间采样率较高，所以观测精度高，但空间分辨率很差；流动重力空间分辨率高，但由于观测周期较长和流动观测仪器本身的原因导致观测精度较差。所以需要从观测、数据处理和结果解释方面构建区域壳幔密度模型，在此过程发挥不同观测资料优势，明确区域水文模型和密度变化物理机制，明确密度变化的构造因素，进一步分析密度变化与强震孕育发生间关系。在此过程中确定的区域水文对分析地壳变形资料非常重要，例如，华北地区大范围地下水开采引起的地表沉降对地壳变形影响如果能确定，对GPS、水准、定点形变、定点流体等观测资料的分析至关重要。

3. 统一壳幔热力学模型构建

汶川地震后，流动地磁观测异常成为年度危险区判定的重要依据，尤其是在南北地震带和天山地区，年度地点预测的映震效能比较好。岩石圈磁场变化从物理机制上来讲，存在流磁、压磁、热磁等成因，热磁效应可能反应壳幔温度场的变化情况，压磁效应可能反应壳幔应变场调整过程，流磁效应可能反应壳幔流体调整过程。

对于地球内温场的观测，目前至少涉及流动地磁场、流动地球化学、温泉点、卫星观测等不同时空尺度的观测，需要不同类型观测资料进行联合解译，分析壳幔热力学环境作用和动态调整过程。

4. 统一壳幔应力应变模型构建

在区域地壳变形资料同化基础上产出区域地壳速度场、应变率场、强震位移场等基础研究资料，进一步明确现今板块边界作用方式及其地壳变形影响、现今壳幔深部动力作用方式及其地壳变形影响、现今活动块体细化与变形特征、现今活动构造历史演化与现今变形特征等，以此研究中国大陆及其内部主要构造区动力学作用和调整过程，即明确场源结合中场的动力作用与强震孕育发生之间的关系。从长远来看，需要构建中国大陆地区统一壳幔应力应变模型，在三维壳幔应力场和应变场动态变化过程中研究大陆型强震孕育发生的物理机制；期望"场源结合，以场求源"中，"场"的动态变化所反映的动力学过程进一步明确。

（三）震源研究需求

近年来，国际上的一些强震发生后总有很多研究结果表明，震前震源区很多观测现象是可以用于地震预测的，例如，2010年智利8.8级、2011年日本9.0级、2014年智利8.1级、2015年尼泊尔8.1级等地震做出了较好的长期地点和震级预测。系统梳理相关研究，按照方向可以分为如下几类：①强震破裂空段确定；②断层运动特征；③断层应力特征；④震源震前异常特征。其中关于强震破裂空段前已述及，本节主要阐述断层运动、断层应力和震源异常的研究需求。

1. 断层运动研究

强震往往发生在活动断裂带上具有高应力积累的闭锁段或者凹凸体段，强闭锁段或凹凸体通常表现为高应力、相对闭锁的习性。因此，断层运动的研究已经引起国际上的广泛关注，并认为这可能让地震研究开始向着类似天气预报的研究方式迈进。断层运动特征研究的主要目的是识别凹凸体的几何位置和断层闭锁程度，根据断层强闭锁导致的地壳变形特征、小地震分布特征和流体地球化学观测现象等，研判中长期危险区的发震紧迫程度。

基于地壳变形观测约束反演断层运动的监测需要和研究需要前已述及；测震学主要涉及中小地震重新定位和重复地震两部分工作，其研究方法相对比较成熟，但中国大陆地区测震监测能力差别较大，至少应达到现今川滇地区的监测能力，最好能达到科学台阵的监测能力；而流动地球化学是否能在预测业务中发挥有效作用，在开展大范围应用前，仍需从监测、数据处理、机理解释等方面深入开展研究工作。

2. 断层应力研究

已有震例表明，强震发生在断层强闭锁段，震源区震前处于高应力状态，且应力持续升高。因此，在跟踪背景重点地震危险区过程中，需在分析断层运动状态基础上重点关注震源区应力状态的动态变化；具体工作内容包括断层库仑应力累积水平和测震学参数动态跟踪。

断层库仑应力计算结果的可靠性依赖于断层几何性质、断层运动特征、历史地震同震信息、壳幔粘滞结构等研究结果的可靠性。测震学参数当前应用较多的是b值和震源参数一致性，目前来看，这两种参数的测震观测基础至少应达到川滇地区的监测能力。

3. 震源异常研究

在强震中期预测中，基于中国大陆已有震例梳理出预测效能相对较好的跟踪技术方法，综合区域地震活动、地球物理场资料和定点前兆观测等异常时空分布特征，可为中长期地震重点危险区发震紧迫程度判定提供依据。

中国坚持地震预报实践，积累了数百个5级以上的震例，是地震预测研究非常宝贵的原始资料。基于中国震例，亟需给出相关方法的清单和预测效能，包括时空占有率、报准率、虚报率等；同时需要分析震源异常的物理机制。

4. 大陆型震源物理模型构建

震源异常的确定和机理分析均离不开科学的震源物理模型，当前震源物理模型构建和应用最好的是美国南加州地震中心（SCES）的工作，围绕破裂预测（UCERF），从统一结构模型、地壳变形模拟、震源物理、强地震动、地震预测、地震灾害分析等不同方向，开展了地震地质、大地测量、地震学、地球化学、地球动力学等学科的基础研究，最终应用于地震破裂预测。相对而言，中国大陆地区为典型的大陆型地震，需要有针对性地构建大陆逆冲、走滑、拉张断层的震源物理模型，而且应细化每类震源物理模型，例如，对于中国大陆逆冲地震，有俯冲型、推覆型、花状构造型，等等。

对于中国大陆地区，震源物理模型至少包括断层运动、断层应力、发震能力、流变结构、热力学结构等方面。只有在科学的震源物理模型的基础上，才能明确观测资料的物理内涵，反映的是地壳变形加速还是减速、区域应力增强还是减弱、断层运动的加强还是减弱、深部壳幔作用的增强还是减弱，等等；期望"场源结合，以场求源"中，"源"的目标进一步明确。

三、地震预测研究总体思路发展的需求 [2]

（一）整体研究思路的发展需求

在国际地震研究发展过程中，中国地震研究难能可贵的是：①对大陆型强震孕震机理开展持续研究；②真正向前预测实践不间断地坚持50多年。在中国地震预测预报研究与实践探索过程中，逐渐形成了得到系统内外相对认可的整体研究思路，主要包括：①长、中、短、临渐进式地震预报；②场源结合，以场求源。

1. 长、中、短、临渐进式地震预报

按照国务院颁布的地震预报管理条例，地震预报按照预测时间尺度分为长期（10年）、中期（1—2年）、短期（3个月）、临震（10天），不同时间尺度地震预报的社会职责、主要产出、现今主要问题等均存在较大差异，是在实践与研究过程中首先需要明确和理清的。

长期预报的社会职责主要是为重点监视防御区确定和国家层面的综合防御提供依据，主要产出是10年尺度重点地震危险区。国际上，综合长期预测时间和社会影响问题，一般是30年左右的预测时间，例如，美国加州地区是未来30年6.7级以上地震发震概率预测，日本是未来35年7级以上强震发生概率的预测。

---

[2] 作者：邵志刚、周龙泉、武艳强、吕坚、冯志生、孙小龙、程佳；宋美琴、郑建常、谭毅培、李丽、王晓山、张辉、冯建刚、赵小艳、王芃、徐晶、邹镇宇、刘月、余大新、王振东、查小惠、尹晓菲、洪德全、马婷、邓莉；闫伟、马栋、李瑞莎、占伟、陈长云、李灵运、冯蔚、刘晓霞、刘琦、王静、张璇、叶庆东、赵静旸、庞亚瑾、郭博峰、郑智江；陈石、王武星、胡敏章、韦进、王新胜、刘子维、张晓彤、江颖、张坤、李盛、陈丽、李红蕾；何康、方炜、陈斌、袁洁浩、谭大诚、张学民、汤吉、姚丽、倪喆、解滔、姚休义、何畅、王粲、陈双贵、苏树朋、宋成科；司学芸、周晓成、杨鹏涛、王俊、王博。相关工作得到中国地震局监测预报司的支持。

中国大陆2006—2020年重点地震危险区是现在仍在预测期内的预测结果，由同期强震活动来看，同期中国大陆70%以上的7级地震发生在危险区内，且其他7级地震也发生在危险区边缘。长期预报主要问题有：①危险区数量较多，其原因是时间上仅是孕震阶段的判定，时间跨度往往较大，所以数量较多；②面积较大，其原因是震源模型不够精细，往往一个危险区包括多个断层段或多个断裂带。

中期预报的社会职责主要是为校舍加固和应急准备等工程提供依据，主要产出是年度重点地震危险区。国际上有基于地震活动等开展中期地震预测的工作，但很少按照年度为政府和社会提供该类预测。2010年以来，中国大陆年度地震重点危险区，在有监测能力地区发生的6级以上地震约有60%发生在年度危险区内（即应该是$\frac{9}{15}$），但其中的7级地震并未发生在年度危险区内。中期预报主要问题有：①统计经验为主，基于实际震例给出效果较好的观测异常，往往6级左右地震的震例占多数，而7级地震相对来讲震例数量较少，当然不排除6级地震和7级地震的物理机制存在差别。②长期危险区在年度震情跟踪过程中发挥的作用不够，虽然已开始做长期危险区7级强震发震紧迫程度的判定工作，但很多长期危险区的研究基础仍不完备，其监测基础仍存在很大提升空间。

短临预报是有效减灾的重要手段，主要为政府发出一定程度的预报意见。国际上短临预报的具体形式存在较大差别，美国加州地区基于长期预测结果利用地震活动做短临预测研究，曾经在网上更新短临预测结果；日本曾有基于前兆异常启动短临应对的机制，但从未正式启动。2010年以来，中国大陆有监测能力地区虽然有9次6级地震发生在年度重点地震危险区内，但只有2次正式给政府书面报告（2014年鲁甸6.5级地震和2017年精河6.6级地震）。短临预测主要问题有：①短临跟踪的时效性不够，实际可用跟踪资料种类越来越多，数字化资料积累越来越多，但观测现象的物理机制尚不完全明确、数据处理方法并未改善，异常确定过程仍然大量依赖人力；②长期危险区和年度危险区在短临震情跟踪过程中发挥的作用不够。

2. 场源结合，以场求源

中国大陆地处欧亚板块、印度板块、太平洋板块、菲律宾海板块相互作用区域，在漫长地质演化过程中形成典型大陆型孕震环境；我国老一辈地震学家有针对性地提出"场源结合，以场求源"的地震预测研究框架。该研究框架以大陆活动地块为基本理论基础，得到系统内外比较广泛的认可。在日常预报实践过程中，其具体科学问题可以归结为"从板块到断层的动力加载过程（由动力源到震源）"，具体内容包括周边板块动力边界加载、主要地质块体运动调整、典型构造带变形机制、具体断裂带应力加载。

但在日常预报意见产出过程中对该科学思路体现明显不够。分析过程仍然以统计为主，缺乏物理方法；类比现象为主，缺乏动力学过程分析；震例为主，缺乏物理机制分析。综合判定结果，仍然表述为可能性大小，缺少定量的概率表述；且不同学科权重的不确定性因素较多，缺少定量的综合指标。而要开展"场源结合，以场求源"的预报研究，当前需建立中国大陆统一结构模型和变形模型。

3. 中国大陆统一结构模型和变形模型的构建

1）中国大陆统一结构模型

建立与强震孕育发生相关的三维区域结构立体模型，具体包括广义速度模型、构造演化模型、地块模型、断层模型，可为强震相关的数值模拟、反演、理论分析、综合预测、强地面运动预测等提供相应基础数据资料，具体包括：

广义速度模型：数字地震学成像给出的P波速度、S波速度、波速比；Q

值、各向异性等；重力学给出的密度；大地电磁学给出的电阻率；另外，相关研究方向所需的温度、粘滞系数、水文参数等。按照不同研究需求可以给出分区一维模型、二维模型、三维模型。

地质构造演化与作用：中国大陆周边板块作用和中国大陆内部重要地质构造演化历史，对中国大陆块体模型、介质模型和断层模型起到决定性作用，可认为是很多科学问题的初始条件。

地块模型：地块边界、岩石圈介质结构、地块形变特征、构造活动历史、强震活动特征等。

断层模型：主要断层带的几何产状、运动速率、发震能力、强震原地复发特征、块体归属、断层物理参数等。

广义地震目录：地震定位结果、震源机制解、同震破裂方向、同震位错分布、同震破裂过程、震颤、历史地震同震信息、早期大震破裂过程等。

众多研究表明，壳幔介质模型与强震发生地点存在密切关联性，但对于中国大陆地区并未系统梳理其关联性和物理机制；另一方面，震源区强震同震和震后的介质性质变化是比较明确的，但震前震源区介质性质随时间变化特征及其与强震孕育发生间关系仍需深入研究。

2）中国大陆统一变形模型

板块边界、活动地块、主要构造带和具体断层段的变形模式是分析中国大陆地壳变形和强震孕育发生的主要研究基础。主要包括：现今板块边界作用方式及其地壳变形影响、现今壳幔深部动力作用方式及其地壳变形影响、现今活动块体细化与变形特征、现今活动构造历史演化与现今变形特征。

区域变形模型：包括两个方面，板块边界、构造作用和地块作用对区域变形的影响；区域内部不同断裂带之间相互作用对区域变形的影响。

活动地块变形模型：活动地块本身整体刚性运动、连续变形特征，这些活动地块运动对活动块体边界带变形影响和决定作用，以及活动地块变形的构造和动力学机制。

断层变形模型：包括两部分内容，上述构造作用、地块作用和区域作用对断层变形的影响；重点构造区内主要断层运动和应力应变时空演化与强震间关系。

应力模型：分析在板块边界动力作用下，包括地块和孕震断层在内的区域岩石圈变形和应力时空演化过程。

（二）地震预测综合研究的发展需求

1. 基于震例经验的区域预报模式构建

基于中国震例资料，通过梳理确定不同学科中预测效能较好的预测方法，并进行定量效能检验；不同构造区域，依据学科方法清单和实际跟踪过程中有效方法，分析不同方法时空强震预测意义，构建区域地震预报模式。通过震例回溯性研究给出短临预测方法的有效性，并依据时空强预测意义给出指标体系和实用化软件，即实现异常判定的客观化和标准化；基于区域短临预测模式，预期在不同区域、不同震级地震前，能够观测到哪类类型的异常组合。

2. "场源结合，以场求源"的定性物理综合分析思路

中国地震工作者基于对大陆型强震机理持续研究和50年预测实践，基于大量观测和震例，不断探索场兆、源兆以及场兆和源兆关系，逐步形成了长、中、短、临渐近式的地震预报的理论系统和场源结合、以场求源的分析方法。对于"场源结合，以场求源"的综合思路，尚处于初步探索之中。中期趋势和

主体区综合分析预测强调不同时空尺度强震趋势，其主要工作包括：基于期幕活动、大地测量和数值模拟等分析全球和中国大陆周边板块动力作用地区的强震趋势及其对中国大陆的影响、分析中国大陆及其内部主要构造区带强震趋势，综合给出中国大陆地区强震趋势和主体区判定结果；基于地球物理场资料分析区域应力应变场变化的动态演化过程，依据"动中求静"的定性分析思路，从区域应力应变场动态变化过程中分析大变形背景下断层闭锁异常区域，结合测震学背景异常综合分析强震主体活动区；对于中长期强震背景危险区，拟开展断层运动状态、断层应力状态和震源异常等三个方面研究，综合给出中长期背景危险区的发震紧迫程度相对高低的判定结果。

客观来讲，断层运动状态、断层应力状态和震源异常三个方面，科学性按顺序逐渐降低，但有效性逐渐增强。因此，需要从三个方面深入开展工作：①基于现有科学性和有效性，提高长、中、短、临渐进式综合预报能力；②对于科学性较强的方法，进一步明确时空强预测意义；③对于效能较好的方法，深入分析其物理机制。

3.定量概率综合思路

物理学家理查德·费曼（1918—1988）认为，对于波动较大但与平均情况保持很多一致性的情况，可以用概率来定量表达这类情况。对强震中期趋势、主体区、强震背景危险区发震紧迫程度的预测工作，同样需要用概率来定量表达综合预测结果。综合定量概率预测结果的方法主要有如下两类：

1）基于各类单项定量方法综合给出定量概率预测

该类预测的代表方法是中长期地震时空增益综合预测模型，基于测震学时间概率增益、活动断层空间概率增益、垂直变形时空联合概率增益等单项方法定量预测结果，综合给出区域中长期时空增益综合预测结果。综合预测的效果依赖于对各种单项预测指标效能的全面、客观的评价，要按照该思路进行定量综合，有必要建立完整的指标体系和信度评价体系。

2）利用综合反演方法使预测结果符合更多的定量预测结果

近年来，由于各类资料的不断丰富，加州地区的地震动力学概率预测取得了长足进步，随着断层模型、变形模型的建立和完善，提出了统一的加州地震破裂预测模型UCERF，目前更新到了第三版UCERF3。UCERF3研究主要基于地震地质、大地测量和测震学各学科不同技术手段分别给出地点、强度、时间的某个方面或某几个方面的预测结果，综合给出震源区强震物理综合概率模型。要按照该思路进行定量综合，其必要工作基础是完善的区域断层模型、变形模型、大地测量模型、历史强震活动特征等基础研究。

4. 构造区/带强震成组活动机理研究

中国大陆浅源强震不仅时间上呈现丛集现象，即强震期幕活动特征，而且在空间上也呈现交替和成组活动现象。例如，1996年11月19日喀喇昆仑7.1级地震以来，中国大陆地区7级以上浅源地震均发生于巴颜喀拉块体边界带上。因此，活动地块边界带成组地震孕育演化规律研究也是中国大陆强震孕育机理研究的重要内容。区域强震成组活动机理受到国内外地震学界的广泛关注，当前主要是基于弹簧－滑块或摩擦本构率开展数值模拟，基于数值模拟结果分析强震时空活动特征的机理研究。国内已经建立中国大陆活动地块理论，针对活动地块边界带开展了运动学、动力学研究。但针对中国大陆活动地块对强震成组活动控制作用，当前急需开展特定活动地块边界带的综合研究。

通过研究给出中国大陆典型活动地块边界带主要断裂带重点断层段的断层运动、断层应力等震源物理特征；给出中国大陆典型活动地块边界带的变形特征，活动地块运动和变形对强震迁移和触发的控制作用，构建我国大陆活动地块边界带强震发生的动力学模式；给出中国大陆周边板块边界作用方式及其动力影响结果、地震危险区壳幔介质变化过程、活动地块边界带成组强震发生的机制和演化规律。

附录1　从地震监测预报实验场到地震科学实验场 [3]

一、为什么要建设地震科学实验场

（一）地震科学为什么要强调野外实验

地震科学的研究对象是地球和地球上的地震。迄今为止，我们对地震发生的环境、地震的孕育和发生过程，以及地震造成灾害的机理和致灾过程，了解得还很不够。否则，地震就不会常常以突袭的方式，给人类社会造成巨大的伤亡和损失了。

自然科学研究的基本手段是观测、实验、理论、计算。不可否认的是，实验室实验在理解地震的机理方面一直扮演着重要角色。20世纪60年代的一系列岩石破裂实验和主要基于实验提出的"膨胀模式"，在地震预测研究中发挥了重要作用。20世纪70年代以来，对岩石破裂、裂纹相互作用、孔隙流体、岩石摩擦等一系列物理现象的实验研究，为地震预测的理论和方法的探索奠定了基础。实验室实验也同样是认识地球内部结构的不可或缺的手段。关于岩石的结构、组成和物理性质的研究，一直是了解地球内部的结构和性质的几乎是唯一的手段。这方面的工作直到现在还是地球科学研究的前沿领域。

但是，作为检验科学假说和发展理论模型的重要手段，面对地球的实验，一直存在的一个问题，就是真实的地质结构和地震震源往往比实验室中的岩石样品大得多（所谓"尺度效应"）。实验室实验和观测结果的矛盾，例如20世

---

[3] 本附录是由川滇国家地震监测预报实验场国家中心组织召开的"从地震监测预报实验场到地震科学实验场"系列研讨会的成果。参加工作的有地震预测研究所、地球物理研究所、工程力学研究所、地质研究所、地壳应力研究所、中国地震台网中心等单位的专家，科学技术司、监测预报司给予研讨会和相关工作多方面的帮助。

纪后半叶曾引起广泛讨论的"应力降佯谬""热流佯谬",在地震科学理论的发展中曾扮演了重要角色。

另一个问题是,决定地球过程的控制因素,往往比实验室实验中的控制因素更多,而对任何一个主要控制因素的忽略,都会导致不正确的结论。著名的历史事件是19世纪末20世纪初,关于地球的年龄,物理学家与地质学家曾经有过激烈的争论。得到不同结果的原因,并不是物理学家的理论计算有误,而是在物理学家的计算中没有考虑放射性的作用。茂木清夫在20世纪60年代开展的一系列岩石破裂实验,揭示了一些破裂"前兆"的物理机制。但这些"前兆"在应用于自然界中的地震时,却变得复杂而颇多争议。正如以"地震学第一原理"和震源力学研究著名的L. Knopoff所指出的,理论并不能给出它假定之外的物理内容,而理论的假定常常来自实验。

因此,要对地震科学的假说进行真正意义上的检验或证伪,我们在不低估实验室实验和理论计算的价值的前提下,最终还是不得不走到野外现场去。

地震研究的情况如此,工程地震研究和地震工程设计的情况也是如此。一方面,通过实验室实验、振动台模拟实验等可以给出关于工程抗震的很多有用的知识;另一方面,要准确把握真实条件下实际工程结构的地震破坏的规律和抗震设计的规律,现场实验还是必不可少的。历史上,工程地震和地震工程领域的很多重要进展来自实际地震的经验总结。如果这种针对实际地震的经验总结能够具有某种现场实验的性质,那么相关研究的进展就会更快。此外,地震预警系统的有效性,也需要"实战式"的真实地震的检验。这使得地震科学实验场具有某种不可替代的价值。

(二)为什么现在有条件建设地震科学实验场

相对于其他学科中的实验工作来说,地震科学实验有自己的特殊性。一个主要问题是，自然界中与地震有关的物理过程几近不可控，因此"实验"似乎也无从谈起。这个问题，近几十年来开始出现缓慢而值得注意的变化。随着观测技术的发展，"中等尺度实验"和"天然实验室"逐渐成为地震科学中的重要概念，对地球的观测从而具有了一定的可控制、可重复的性质，地震科学实验所面临的"尺度效应"问题也开始在一定程度上得到解决。对矿山地震、水库地震的观测和研究，为认识天然地震的机理提供了有用的参考。注水诱发地震实验，对认识流体在地震孕育过程中的作用至关重要。近十年来，页岩气开采诱发地震等问题也开始提上日程。

以往在开展地震预报实验场工作的时候，"抓不住地震"是一个非常尴尬的问题，很多地震往往发生在实验场区之外，或者实验场已经宣布结束之后。这个问题近年来也开始出现转折性的变化。变化之一是，中长期预测能力不断增强，使在十年尺度、三年尺度上在一个较大的区域内"抓住"一个或几个地震的能力逐步成为现实。2013年芦山地震、2017年阿克陶地震等，都发生在专家事先选定进行重点监测并布设了很好的监测站网的地区。近年来发生的7级以上地震，都发生在十年尺度强震重点危险区内。另一个变化是，汲取过去地震预报实验场的经验教训，在实验场的设计和运行中逐步开始采用系统工程的概念，发展"与地震博弈"的能力。

地震科学实验的另一个长期存在的问题，是测量很难做到精准，重复测量也很困难。因此一些很有意义的假说，因为观测条件的限制，一直无法证实。地震前可能存在的介质结构变化，早在20世纪60年代加尔姆地震预报实验场就通过"波速比"等现象的观测有所研究，但观测条件的限制使"波速比"作为一种"前兆"一直颇多争议。地震学理论所预测的由于大范围膨胀所引起的各向异性（EDA）在自然界中究竟是否可观测，只有在20世纪90年代冰岛地震科学实验中才得到证实。值得注意的是，在与野外实验相关的精准测量方面，近年来开始出现快速而带有转折性的进展。对断层性质、地震孕育、地震后效的高分辨率地震观测、形变观测、应力观测、钻孔探测，与对断层带组成和性质的实验研究相结合，成为地震研究中一个生机勃勃的领域。地震波形处理的理论和技术的进步和主动震源技术的进步甚至使一些地震学家提出所谓"高精度地震学"（high-precision seismology）和"时变地球物理"（time-lapse geophysics）的概念。这些新的进展使地震科学实验场或地震科学的"天然实验室"的可行性显著提升，成为未来一个时期地震科学发展的"战略制高点"。

（三）为什么要建设国家地震科学实验场

中国的第一代地震预报实验场可以追溯到20世纪70年代初的新疆实验场。滇西地震预报实验场、京津唐张地震预报实验场还曾作为国际合作的重要窗口和平台。而地震科学实验的概念，至少可以追溯到邢台地震。周恩来总理所倡导的组织多个学科、面向地震现场、"抓住地震不放"的攻略，至今对地震科学实验场的组织仍具有高屋建瓴的指导性意义。

中国是一个多地震国家，人民需要地震研究，这个基本国情没有变。但是40年来中国的发展，使中国的另一个国情发生了历史性的变化，就是国家已经有条件支持较大规模、较为精细、较为先进、较为开放的地震科学观测实验。把中国的地震观测全面推进数字网络时代，把中国的形变测量全面推进空间时代，这两大历史性的进展，足以使中国地震科学共同体有底气、有定力建设自己的国际地震科学实验场。今天，中国地震科学探测台阵（ChinArray）已成为世界上最大规模的地震科学台阵；以重点危险区、地震大形势、年度危险区等为标志的真正意义上的"向前预报"实践，领先其他国家至少　世纪。这些"硬科技"构成了中国地震科技在国际上"并跑"的资本。地震科学实验场的建设则应成为从"并跑"到"领跑"的标志性工程。

表面上看，地震科学实验的内容和手段都是基础性的、无国界的，因此一个误解是，中国也许不必发展自己的实验能力、实验装备、实验平台，而可以通过国际合作的方式得到实验结果，或者利用国外的实验装备、实验平台来进行实验。对于一些纯基础性的学科来说，这种说法或有合理之处，但对于地球科学来说，必须考虑的一个因素是，地球科学的野外实验能力，往往与战略性能源储备、资源勘探、生态环境保护、自然灾害防御以及保证国家安全和国家权益的工作（例如地下核试验的监测）紧密地联系在一起。至于与重大工程抗震设计相关的实验能力，更是新时代发展高铁、核电等"大国重器"的必需。因此，拥有独立自主的地震科学实验能力、实验装备、实验平台，就像中国需要拥有独立自主的航天科技能力一样，其重要意义是十分明显的。

（四）如何考虑实验场区在十年尺度上"捕捉"强震的可能性

川滇地区地处印度板块与欧亚板块碰撞的前沿地带，构造活动强烈，是中国大陆最显著的强震活动区域。特殊的构造条件使得该区地震频度高、强度大。据统计，1965年以来，该区共发生$M_S \geq 6.0$地震74次，其中$M_S \geq 7.0$级地震14次，分别约占同期中国大陆地震的33%和50%。根据以往中国大陆和川滇历史地震记录统计，该区10年内可能发生2—3次7级地震（依据1900年以来川滇地区的资料，10年平均约2次7级地震；而依据1965年以来川滇地区资料，10年平均约3次7级地震），可能发生10—15次6级地震（依据1900年以来川滇地区的资料，10年平均约11次6级地震；依据1965年以来川滇地区资料，10年平均约14次6级以上地震）。

天山地震带主要受印度板块的北向推挤和塔里木盆地的顺时针旋转作用，断层运动剧烈，历史强震活动频繁。由于1955年前后天山地震带7级以上地震时空特征存在较大差异，因此根据3个时间段资料统计：依据1900年以来的资料，该地区10年平均约8次6级以上地震、1次7级以上地震；依据1900—1955年资料统计，10年平均约6次6级以上地震、1次7级以上地震；而根据1956年以来资料统计，10年平均约10次6级以上地震、1次7级以上地震。

需要注意的是，我国的大陆地震活动具有明显的分区性的活跃－平静交替的时空分布特征。活跃期与平静期的地震数量可达几倍之差。考虑到这一点，在实验区范围的确定中，还要充分考虑十年尺度强震重点危险区的判定结果。在目前的实验区确定中，川滇地区包括了6个完整的十年尺度强震重点危险区，天山地区包括了4个十年尺度强震重点危险区。

二、从地震预报实验场到地震科学实验场的转型

	地震预报实验场	地震科学实验场
实验地域	川滇	川滇 + 新疆天山 + 其他
核心概念	聚焦重点地区	借鉴全球变化和生态研究领域的经验做法，在多个地区开展协同分布式实验（CDEs），以解决样本过少、控制因素过多的问题；国家地震科学实验场为区域性和国际性地震科学实验场提供操作规范
实验目标	以"解剖地震"为主方向，观测地震的孕育发生过程，检验地震的孕育发生模型，并在条件有利情况下捕捉可能的地震前兆	利用近年来快速发展和逐步成熟的密集观测、精密测量、半可控地震过程、近断层采样等新技术条件，开展（接近）真正意义上的物理实验，面向解剖地震，发展地震系统科学（earthquake systems science），同时用已达到的预测能力，为地震科技创新工程的其他主题的现场实验创造条件；地震科学实验场以"透明地壳"为基础、以"解剖地震"为重点、以"韧性城乡"和"智慧服务"为目标，针对科学假说的检验，开展现场实验；历史上曾经开展过实验，但效果并不理想的一些已处于"休眠"的实验场，也可望在新的技术条件下"激活"
技术条件	中长期地震预测的能力限度和"大科学工程"概念的缺乏限制了实验场的成功；重要地震往往发生在实验场区之外或者实验宣告结束（或宣告失败）之后。由于地震的非频发性和地震科学的观测科学属性，"地震预测怪圈"长期困扰科学界（要证实一个模型或方法是对的，不得不开展大量的观测；要开展大量的观测，不得不依靠社会的支持；要得到社会的支持，不得不首先向社会证明所提出的模型或方法是对的）	在把握十年尺度、三年尺度地震趋势方面取得明显进步，"神奇布网""科学布网"初步形成经验；"与地震博弈"的总体设计概念使实验场开始具有"大科学工程"的性质；在十年尺度上"抓住"一次或几次地震的条件正逐步成熟

续表

	地震预报实验场	地震科学实验场
产出方式	地震过程的研究成果，和条件有利情况下的地震预测	与时俱进的地震预测和地震风险预测科技产品系列，及其在其他领域的推广。针对"预测+"的问题，进一步系统探讨现有的地震可预测性在"两个坚持、三个转变"中的作用
实施路径	已有很好的科学议程设计，尝试采用分步实施的安排，但同时对阶段性目标（如年度目标）规划不够；地震预测"研究项目困境"严重影响实验场的可持续性［立项之初就明确"以地震预测为主要科学目标"，但到项目结束，"地震预测仍是一个（世界性）科学难题"］	考虑针对不同地区的"为预测的监测和模拟"（monitoring and modeling for forecast）能力部署，分区、分步实施，将科学议程的实现由"串联"改为"并联"，强调"把一部分目标地震先'控制'起来"
组织方式和理念	国家级地震科研机构的牵头作用不突出，有时存在基础研究直接到应用的"短路"情况	引入技术成熟度（TRL）概念，评估科技成果及其在地震预测中的应用潜力，以明确的地震系统科学理念和系统工程总体设计"建立并领导'与地震博弈'的统一战线"；此外，实验场还需要建立自己的地震响应预案，以在一些预期中的或超出预期的地震发生后，通过有准备的组织协调，取得应有的科学观测结果
数据汇集和共享政策	统一的、强制性的数据汇集和共享政策	基于统一标准和引用规范的数据和数据产品共享，赋予数据和数据产品DOI（以使数据或数据产品像科研论文一样被引用）
数据开放政策	无特殊安排的数据开放政策	以"特区"的思路，在重点实验场区，对部分数据，试点与国际接轨的全面开放政策
财务管理政策	无差别的财务管理政策，使本来就有限的经费对外部科研力量缺乏足够的吸引力	以"特区"的思路，回归基本科研业务费专项设立的"初心"，对实验场相关的财务管理政策进行大幅度的改革试点，采用更开放、更灵活的财务管理制度，赋予创新领军人才更大的人财物支配权、技术路线决定权，充分尊重基础研究的灵感瞬间性、方式随意性、路径不确定性

三、地震科学实验场的重要科学问题

解剖地震——地震前后流体运移的时空强变化特征和成因研究。在川滇实验场和新疆实验场，选择主要断裂带地震重点危险区域，开展主动源人工地震和高时空分辨率流体地球化学观测实验，包括利用高光谱、水文地球化学、气体地球化学、同位素地球化学和断裂带土壤气体地球化学等观测手段，同时结合高压模拟实验和计算手段采取，流动观测和定点观测相结合，精细观测和研究地震科学实验场主要断裂带的地震前后深部流体贡献率时空变化和断裂不同段深浅部流体耦合程度变化；空间上评估活动断裂带不同段切割地壳深度和闭锁程度，时间上捕捉活动断裂带深部气体逸出的地震前兆信息，定量揭示流体地球化学变化与地下条件和地震活动的关系，建立更全面的地震活动性与深部流体运移的关系模型，探究深部流体运移对地震的孕育和发生的起到的作用，为认识构造地震的成因机理和预测提供参考。

解剖地震——川滇块体中部盐源－宁蒗构造带地震构造特征研究。以盐源－宁蒗构造带为界，川滇块体西部和东部存在明显差异。西部为造山带基底，东部为扬子地台基底；西部地形海拔高，东部相对较低；西部以NW向构造为主，东部以SN向构造为主。该构造带包括丽江－小金河断裂、金河－箐河断裂以及两条断裂带之间的宁蒗盆地、盐源盆地等。沿构造带曾发生一系列6级以上地震。目前，该构造带的研究程度低，对其活动特征和地震构造特征缺乏认识，甚至一些断裂的活动时代、活动性质与相关活动断裂（如理塘断裂、玉农希断裂、宾川断裂）的关系等方面均存在问题。建议开展构造地貌、断层活动性调查、深部构造探测、地表形变（GPS）观测等综合研究，建立该构造带的地震构造模型。

解剖地震——川滇块体东部边界带地震构造模型构建。川滇块体东部边界带包括小江断裂带西支、东支及东部开远－弥勒－曲靖等断裂。其中小江断裂带西支曾发生1833年嵩明8级地震，小江断裂东支曾发生1500年、1733年、1789年等7级以上地震和多次6级以上地震，开远－弥勒－曲靖断裂则无大地震发生。通过地表构造地貌解译、断裂几何结构和活动速率研究（资料收集）、断层破裂分段及古地震序列研究（资料收集）、深部资料收集、形变资料收集、小地震定位等工作，解剖大震震源体和区域断裂深部关系，构建包括断裂切割深度、活动速率分配、不同级别震源体的三维地震构造模型。选择数值模拟方法，模拟强震活动序列和地震活动。

解剖地震——服务于川滇地区地震动力学建模的岩石圈均衡研究。针对川滇地区"陆态网络"等重大工程的重力观测站，进行位置信息补充观测，更新川滇地区布格与自由空气重力异常场，展开三维密度构造反演与岩石圈构造应力计算，为区域地震动力学模型的构建提供密度构造方面的约束与构造应力方面的边界条件；展开地壳挠曲机理研究，构建区域黏弹性均衡调整模型；展开大地震弛豫效应研究，为区域地震动力学模型提供更精确的水平运动约束。项目研究成果预期将推动地震预测研究从经验统计预测向物理模型预测的转变，并引领重力学科基础研究的发展。

解剖地震——地球多圈层电磁扰动信号的时空响应及耦合机理。充分利用已经发射在轨的中国第一颗天基平台ZH-1卫星的多参量全球电磁探测机会，在地震科学实验场区，结合现有的地基地磁场、地电场、地基电离层、VLF电波、ELF电磁场、GPS TEC、卫星红外、高光谱等多种观测技术，通过增设大气电场、三频信标接收机、甚低频电磁波接收机、多普勒频移等设备，形成对岩石层、大气层和电离层的高密度多参量立体观测实验，精细探测从地下介质电性结构变化、地表电磁场、高光谱气体、热红外至低、中、高电离层的多种电磁扰动信号之间的时空响应过程。通过监测天然扰动源及开展大功率人工源

ELF/VLF发射试验，检验地基－空间同类/同源电磁信息的自洽性和真实性，利用电磁波场溯源及耦合理论模型，优化地震电离层扰动的动力波、电磁波及直流电场叠加等圈层耦合科学理论模型，为地震孕育发生过程中各阶段敏感电磁参量的成因机制及地震短临预测提供理论支撑。

解剖地震——井间可控源地震观测系统和地震预测实验。在实验场内，选择大地震震源区、地震活跃的断裂带或未来大地震危险区，开展井间可控源地震观测。该井间观测由一个井下可控源和两个井下地震观测阵列组成，采用井下可控源信号的可重复多次激发，通过弱信号的叠加和相关的数据处理技术，提取和分析人工地震信号随时间的变化，识别和研究震前的波速变化。同时，利用记录到的天然地震信号，开展剪切波分裂和波速等地震波特性变化研究，为分析地震活动与应力变化的关联性提供科学参考，开展地震预测研究探索。

解剖地震——余震过程剖析和强余震预测实验。把强震周期分为漫长的微变应力积累孕育、瞬态的主震应力释放和短期的余震应力调整三个过程；对它们进行逐步剖析是完整认识地震机理的必要途径。但强震发生的时间、地点极难捕捉，往往缺乏合理和密集布设的野外监测网精细研究孕育至发生的过程。余震发生的时间、地点相对集中，小震活动频繁，可以实施高密度多学科主动和被动源综合监测，从而获得地震区精细的介质、应力结构以及它们的动态变化，跟踪余震临界状态和发生，了解断层滑移和愈合过程，建立余震发生物理和概率模型，进行强余震预测实践。中国大陆每年均有几次强震发生，需要探索出一套从野外观测、数据处理至预测应用的流程，重复应用于强余震区，逐渐认识余震发生过程，回溯研究强震发生条件和机制。

解剖地震——一体化、智能化和快速立体多学科流动监测系统的研制。地震研究强烈依赖于不同学科连续（重复）和密集的野外观测；单纯固定台网的分布和密度远远达不到学科深入发展的要求，必须要流动观测来弥补。然而，流动观测严重受野外自然条件、仪器和人员因素等的制约，迫切需要一体化、智能化和快速流动观测系统。基于目前人工智能、无人机（车或船）和航天科技的发展，可发展一体化、多学科集成（如地震和GPS）的野外观测机器人，可以空中投放、自主或遥控选择观测场地、安装调试仪器，自主供电和安全防范，实时传输或无人机定时巡航回收观测数据，实现快速、立体流动观测，解决研究的数据瓶颈。

解剖地震——地震概率预测模型建模和效能检验实验。根据地震科学实验场区地震活动特征，研发基于地震活动和地球物理观测的新的多学科、多时间尺度（长期、中期、短临、余震）地震概率预测模型，数理化和模型化以往经验预测方法；基于多角度严格的预测效能评价技术（时间、地点、震级、地震发生率似然检验）和国际合作，研发地震预测效能科学评价技术系统、实时检验技术系统，开展运行实验；在科学评价地震概率预测方法的同时，探索预测模型进入业务流的准入和退出评价机制，地震预测指标凝练和标准化机制。从而形成基础研发—科学实验—预测实践的完整技术链条和技术方法供给机制。

解剖地震——可操作性地震预测（OEF）科学实验。在地震科学实验场区，借鉴国际上"可操作性地震预测"（OEF）的成功经验，研发高概率增益的、多时间尺度综合的地震预测混合模型（hybird mode），开展实时运行实验和效能评价，开展适合实验场区地震活动特征的区域预测能力策略研究；开展基于混合模型概率增益、地震灾害损失模型（loss model）、应急救援和恢复重建成本效益分析（CBA）技术的OEF研究和技术系统研发，通过实时运行实验，逐步发展和供给可用于地震预测实践的OEF-Hybird技术平台，提升我国地震预测业务能力和在救灾决策、应急疏散、恢复重建的实际效益。

解剖地震——地形效应观测实验。在地震科学试验场区，选择典型变化的地形区域，高密度部署强震仪、地震仪，记录小、中、强地震发生引起的地面运动，观测、捕捉地形引起的地震动变化，研究不同震源、不同方位、不同强度地震对地形效应的影响，分析地形效应的时间、空间、频率特征规律，探索其形成机理，为防震减灾提供科学参考。

解剖地震——人类活动诱发地震研究。在地震科学实验场区选择大型水库和页岩气工业开采区，开展高密度地震立体观测实验，包括地震、地应力、形变等观测手段。精细观测和研究蓄水或工业注水前后各阶段的地震活动、深部介质性质及物理状态、震源特性、应力及它们的时空变化过程等，研究诱发地震的活动特征、发生环境和成因机理，为认识构造地震的成因机理和预测提供参考。相比于构造地震，水库地震或页岩气开采注水诱发地震的范围及流体的加载或影响过程较为确定，因此在探索地震孕育、发生和发展的物理过程和机理方面，诱发地震研究比构造地震预报更具有利条件。诱发地震的深入研究可为大尺度的强震机理和预测提供参考。

透明地壳——厚沉积层的长周期地震动效应观测与研究。在地震科学实验场区，选择晚第三纪和第四纪沉积较厚的地区，开展宽频带地震仪、高频GPS和强震仪联合观测，捕捉该地区及周边强震引起的长周期地震动。利用该地区强震震源特征，以及厚沉积层介质的速度和特性结构的研究结果，综合数值模拟方法和联合观测结果，揭示厚沉积层地区长周期地震动的分布特征和产生机理，为长周期地震动预测和超高层建筑物等重大工程的抗震设防提供科学依据。

透明地壳——孕震环境不同尺度地下介质波速变化的动态观测。在川滇缅和新疆及中亚地震科学实验场区，选择活动断层或重点危险区，开展水库/人工水池中气枪震源连续激发，地震台站高精度接收，监测中强以上地震前后的不同尺度地下介质波速变化，探讨与地震活动的关系；研究气枪震源激发信号特征及其影响因素；通过地震台阵观测等方法，进一步发展弱信号处理技术完善

4D地震学的理论基础和技术方法；将实验室可控条件下岩石实验的结果与野外实验结果相结合，推进对地下介质变化的认识。

透明地壳——与深部孕震过程相关的地球物理与地球化学观测量变化机理研究。在川滇缅、新疆及中亚地震科学实验场区，有针对性地构建立体组合式综合观测系统，结合微震监测、高精度SAR、重磁电场和地球化学同位素测量方法，研究中下地壳流体运移和孕震动力学过程。研究深部微重磁电信号的监测数据处理方法；研究小震活动与深部流体运移之间的关系；孔隙介质流体运移模型与地球物理异常数值模拟；从地球化学同位素方法识别深部流体运移规律，与地球物理资料之间进行相互印证。从深部孕震环境的动力学过程角度，开展"由场及源"的理论模型与数值模拟研究，为地球物理场监测预报实践提供理论支撑。

透明地壳——活动断层深部精细结构成像新方法研究。在川滇缅和新疆及中亚地震科学实验场区，发展超密集短周期台阵成像技术等断层三维几何结构成像技术方法；断层面凹凸体结构高分辨率成像技术；综合断层滑动速率的高精度GNSS观测结果，和断层深部精细结构成像新方法、微弱地震精定位方法和重复地震监测断层深部滑动速率方法，开展活动断层地表几何结构与断层面凹凸体关系研究，发展大震发生地点和震级预测的新方法。

透明地壳——实验场深部结构高分辨率成像理论方法研究。在川滇缅和新疆及中亚地震科学实验场区，针对深部构造研究中不同资料不同方法分辨能力的差异性问题，发展全波形反演理论与技术方法；体波、面波与接收函数联合反演理论方法；地震、重力与电磁等多种地球物理资料联合反演方法等多种资料联合成像反演方法，建立重点地震带高分辨率壳幔三维结构模型。为建立地震带精细构造模型提供基础理论与方法。

韧性城乡——地震动与成灾机理的实验研究。针对工程场地和结构地震破坏与成灾机理；地震风险区划与地震灾害风险评估；地震灾害链形成机理与地震次生灾害风险评估等科学问题，选择1～2个大型盆地地区，开展地表与地下地震动的高密度立体观测实验，为地震动场预测研究和砂土液化与地震滑坡成因机理研究提供观测数据。选择15～20个典型建筑工程和生命线工程结构，开展结构地震响应的多手段立体观测实验，为工程结构地震破坏机理研究和震后安全评估提供观测数据。

韧性城乡——抗震结构实际检验。针对减隔震、新型材料、功能可恢复等工程韧性技术，建设2～3个工程结构模型，开展减隔震、可更换消能构件等工程韧性技术的应用效果观测实验，为工程韧性技术研究提供地震现场实验数据。

韧性城乡——灾害情境构建。选择2～3个典型城市，开展结构地震响应的高密度观测实验，为地震风险监控提供观测数据。开展典型城市的震源模型—传播途径—局部场地条件—工程结构模型的地震灾害模拟，为城乡地震灾害风险评估和灾害情景模拟提供示范案例，为示范城市提供抗震加固决策建议，并为解决防灾规划、性态设计理念、智能化应急救援辅助决策等韧性社会支撑技术；韧性城乡建设评价指标体系等问题提供实验结果。

智慧服务——数据共享平台。在地震科学实验场区，建立数据和科技产品的实时共享英文平台，内容包括：观测数据，如实时地震波形、强震动、GPS、地球物理场观测数据等；数据产品，如地震目录、观测报告、震源参数与震源机制、位移、应变场等；应急产品：如地震破裂过程、烈度分布等；科技产品，如断裂分布、速度结构等。

智慧服务——地震数据可视化系统。基于"透明地壳""解剖地震"研究成果，建立大震孕育、发生的震源介质结构和动力学模型；研究多尺度、多元地震信息三维耦合技术，解决大场景下小体积模型的退化问题，满足三维数据一体化公众服务的需求；研究三维活动断层、地层、地貌、地壳物性结构等各类资料多元模型的数据驱动动态更新方法，满足三维发布需求。运用地表InSAR、GNSS、地球物理场观测、前兆台站观测，以视频技术将地下应力集中点及震源空间动力过程、前兆现象可视化。编制时空4D震源动力演化过程视频软件，以卡通形式对地震孕育、发生进行科学解释。

附录 2　地震预报实验场：科学问题与科学目标 [4]

引　言

与地震预测预报相关的主要科学问题，是真实地球介质条件下的地震孕育和地震发生的动力学过程问题（吴忠良等，2006）。就全球尺度看，绝大多数强震分布在板块边界带上；就中国大陆的尺度看，绝大多数强震分布在构造块体边界带上（张国民等，2005），因此关于地震和地震预测预报问题，还是可以有科学认识的。但是，教科书中给出的地震的"弹性回跳"模型，只是一个高度简化的情况，如果现实世界果真如此，那么地震的预测预报问题将会简单得多。按照现在的认识，从物理上看，与中长期地震预测预报有关的因素，至少要考虑板块相互作用、区域应力场、地壳形变分配、地壳中的韧脆性转换带、地震断层带及其上的"闭锁带"、历史地震和古地震的情况等；与短临地震预测预报有关的因素，则至少要考虑地震断层带的结构和"性能"、地震断层带上流体的作用、地震的"触发"、"寂静地震"的作用、与区域孕震模型相适应的"前兆"现象、"前兆"机理、"前兆"监测布局等。这些认识构成了目前地震预测预报研究的科学基础，也同时表明了地震预测预报研究的限度及这种限度的原因。重要的是，围绕上述关于地震成因问题的科学认识，可以有针对性地设计和实施具体的观测和监测项目，以约束模型、检验假说、设计监测方案、探索预测预报的可能性。

---

[4]　本文曾于2010年发表于《中国地震》，为地震预报发展规划工作组的研究报告。工作组成员包括（以姓氏拼音为序）：蒋长胜（秘书）、李迎春、刘桂萍（组长、本文执笔）、马宏生（秘书）、彭汉书、邵志刚、吴忠良（组长、本文执笔）、武艳强、晏锐、闫伟、周龙泉。相关专家（以姓氏拼音为序）车时、陈颙、黄辅琼、蒋海昆、李克、刘杰、孙其政、闻学泽、阴朝民、于晟、张东宁、张国民、张晓东、张永仙、朱传镇提出咨询指导意见。

关于这些问题，近年来在科学认识、探测技术、观测积累等方面都有显著进展，但在一些关键环节上，例如，地震破裂是如何"决定自己的大小"的、地震断层带上的流体究竟扮演着什么角色、地震过程中能量是如何分配的，等等，现在还没有满意的答案。解决这些问题的根本方法，是面向地球的观测研究。近年来发展的宽频带地震台阵、主动源探测、地震科学钻探和深部观测台阵、GPS测量、计算地球动力学模型等新的技术，与此相关的"尾波相关干涉"（C3）方法（Niu et al., 2003; Pandolfi et al., 2006）、"重复地震"（repeating event）方法（Nadeau et al., 1995; Schaff and et al., 2004）、地震各向异性、地震"应力触发"计算（Harris, 1998，2003）等新的方法，与此相关的"间歇性滑动与颤动"或"寂静地震"（Schwartz et al., 2007）、地震断层"润滑"（fault lubrication）效应、"固定凹凸体"（persistent asperity）现象等新的发现，都是试图解决这一问题的新的技术、新的方法和新的发现。值得一提的是，在国际地球物理科学的分类中，这些内容有时并不属于"地震预测预报研究"，但这些科学进展却是地震预测预报研究所必备的基础资料。

要针对地震成因和地震预测预报这样一个复杂的科学问题，在很大的范围内同时开展观测实验是不现实的。地震预报实验场要解决的科学问题，一是要针对一个特定的——从构造意义上接近于发生地震的，即geologically imminent (Davis et al., 1982)的地区，通过观测，具体地回答上面提到的区域应力场、地壳变形分配、"闭锁带"、"加载单元"、"闭锁单元"、"凹凸体"、"脆韧性转换带"等究竟是怎样的；二是要基于对地震的孕育和发生过程的理解，"鉴定"所要研究的"目标地区"处于离"下一次"地震"还有多远"的状态；三是要针对未来期望能够"遇到"的一个或一些地震，设计应该采用什么样的监测系统才能有效地"捕捉"到地震前可能的异常变化；四是要把人们假定"应该"存在的异常，或者有一些线索但并未得到系统验证的异常，在这一地区进行系统的观测检验，以确认其是否存在、是否有效。

20世纪40年代末以来，尤其是20世纪60年代以后，苏联、美国、日本、中国等国家先后建立多个地震预报实验场。其中比较著名、观测研究所用的技术手段较多、取得数据信息和科学认识进展较好的至少包括苏联加尔姆地震预报实验场、美国帕克菲尔德地震预报实验场、土耳其北安纳托利亚地震预报实验场、日本关东地震重点防御区、冰岛地震实验场等（孙其政、吴书贵，2007）。国际地震学与地球内部物理学协会（IASPEI）于1991年和1997年通过决议，支持地震预报实验场的研究。2005年，IASPEI通过决议，把主动源探测作为一个重要的发展方向。2009年，IASPEI又通过决议，支持地震预测预报的基础研究与实践及对地震预测预报研究成果的科学检验。

然而客观说来，地震预报实验场项目进展不够理想，存在非常大的困难。近年来，在我国的地震预报实验场项目的设计中，存在一些为各方面所诟病的总体设计方面的问题：简单强调观测系统更新换代，简单强调"加密观测"，简单强调学习国外，在很大程度上将不同单位、不同学科的现有工作用项目进行"拼盘式"的"包装"，等等。一定意义上，这些问题的提出所反映的不一定完全是我们的思路的缺陷，而是我国地震科技近年来快速发展的现状。因为提出这些问题，一方面反映了我们的科技水平已经走出简单追随国外的状态；另一方面也反映了我们国家现有的财力和科技力量，已经可以支撑我们真正面对和解决这些问题。在与公众和政府合作时，经常听到这样的评论："说清楚你们的计划对地震预报究竟有什么（可考核的）用处——而不是'基础科学探索终归是有用的'，经费不是问题"。这种说法，尽管有着显然的思路局限，在很大程度上却是有道理的。本文试图讨论的，正是这一复杂、尖锐而不得不正面回答的问题。

1. 汶川地震对地震监测预报的经验启示

2008年5月12日汶川8.0级地震的研究，给地震预报实验场工作以极大的启示。该地震的孕震模型的一个版本（张培震等，2009）假定，川西高原（巴颜喀喇地块东部）由于地壳结构的软弱而发生强烈的震前（或震间）变形，是孕震的"变形单元"；龙门山断裂带的产状不利于滑动，震前（或震间）的变形速率较低，但能够在漫长的历史中积累起很高的应变，是孕震的"闭锁单元"；四川盆地（华南地块西部）地壳刚度相对较大、不易变形而对川西高原的向东扩展起着阻挡作用，是孕震的"支撑单元"。横跨四川盆地西部—龙门山—巴颜喀喇块体内部的地震探测剖面表明，龙门山断裂带及其北西的巴颜喀喇块体内20—25 km深度上存在朝北西缓倾并转为近水平延伸的"低速层"。该低速层的南东端结束于龙门山中央断裂与前山断裂之间的下方，更深处则是相对高速的中下地壳。该低速层可能是深部地壳中的"脆－韧性转换边界带"。地球物理探测结果表明这里同时存在低速层和低阻层，且其埋藏深度基本一致。由地壳和上地幔顶部的结构来看，龙门山断裂带是从地壳到地幔深部的速度变化带和地壳厚度的突变带。

这些证据同时也是对一个经常提出的技术问题的回答：对地球内部的观测，究竟应该做到"多好"才算"好"？答案是，这取决于我们的科学目标。对地震预报实验场，"好"的观测应该是能够在可接受的程度上约束我们的地震孕育模型的观测。

这一模型同时给出了地震监测预报策略的建议。根据这一模型，假如汶川地震前我们有了一个较为完善的监测系统，那么在"变形单元"我们也许可以监测到变形的增加以及变形增加所引起的各种地球物理场的变化；在"闭锁单元"我们也许可以监测到地震之前地震断层带"性能"的变化；而在"支撑单元"的变化，应与"变形单元"和"闭锁单元"都不相同。"变形单元"中的变化应能给出中长期的"异常"，而"闭锁单元"中的变化应能给出短期时间尺度上的"异常"的线索。

汶川地震后，回溯性研究表明，"变形单元"和"支撑单元"确有不同的"异常"表现，同时由于观测条件的限制，关于"闭锁单元"的信息很少。图1给出了汶川地震前前兆异常台项比[5]沿横跨龙门山断裂带的方向的分布，由图可

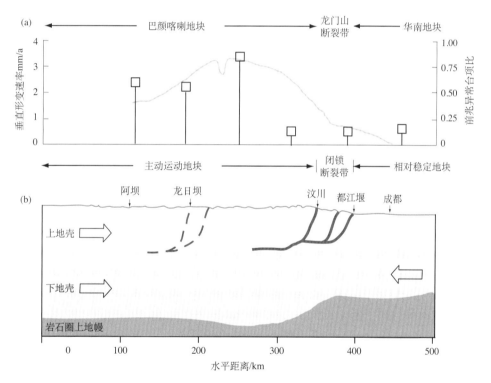

图1　汶川地震的构造深部动力学模型的一个版本（杜方等，2009）与相关的前兆异常表现。（a）前兆异常台项比沿横跨龙门山断裂带中段的分布，图中灰色曲线为杜方等（2009）给出的汶川地震前横跨龙门山断裂带中段的垂直形变速率剖面。前兆异常台项比由平行于汶川8.0级地震地表破裂带，并位于两侧的多个宽70 km、长510 km的矩形区域（南部端点距震中170 km）圈定、统计得到，具体由汶川8.0级地震前出现的前兆异常与震前布设的前兆观测台站的数量之比给出。这里的前兆异常包括流体、形变和电磁三种，相关资料由中国地震台网中心提供。（b）据杜方等（2009）改绘的汶川地震构造动力学模型

---

[5] 刘杰，2009年全国年度地震趋势会商会大会报告。

见，龙门山断裂带两侧的异常比明显不同，分布情况与杜方等（2009）给出的垂直形变速率观测结果吻合较好。

问题是：对于"下一次"汶川地震，我们是否有可能做得更好？这正是地震预报实验场项目应该首先考虑的科学问题。

汶川地震并不是一个孤立的震例。集集地震的研究（Shin et al., 2001; Lin et al., 2001; Ma et al., 2001; Johnson et al., 2005）表明，如果在该地震之前进行了地震前兆的监测，那么相关的"预期前兆"在不同的构造单元也应有不同的表现。集集地震前1992—1999年的GPS观测数据显示，水平运动速度场由东向西逐渐下降，而且在车笼埔断裂可见明显的闭锁区域。根据峰值加速度观测结果和同震位移反演结果，车笼埔断裂的闭锁主要是通过"凹凸体"来实现的，如图2所示。此外，垂直运动速度场表明车笼埔断裂两侧上下盘反向运动，东侧隆起而西侧沉降。1973—1998年的小震活动显示在闭锁区和沉降区小震非常平静，而地壳明显隆起区小震活动明显，这从一个侧面反映了车笼埔断裂两侧的形变观测特征。

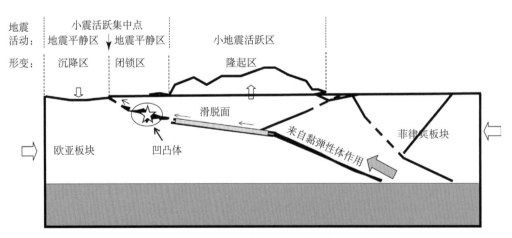

图2 1999年9月21日集集M_w7.6地震的孕震模型和车笼埔断裂的凹凸体（据Johnson et al., 2005改绘），图中标出了Johnson等（2005）给出的震前形变沉降、闭锁和隆起区，以及据Lin等（2001）给出的1978—1998年小地震活跃或平静区范围示意图

2. 以往地震预报实验场的经验和不足

1）以往地震预报实验场的收获和经验

半个多世纪以来地震预报实验场的建设和实验，至少在下述5个方面取得了成功经验：

（1）通过在地震预报实验场进行密集观测，得到关于地震孕育和发生机理方面的很多科学认识。例如，在帕克菲尔德地震实验场，通过详细的地球物理工作，得到圣安德烈斯断层带附近的地壳上地幔结构、深部流体、地震活动精确定位等方面的可靠信息，对认识地震断层带的结构、深部流体在地震孕育过程中的作用、地震前可能的形变过程和地壳介质结构的变化等提供了重要的观测约束。日本东海地震预报实验场建立了大地震孕育的可检验的地球动力学模型，并针对地球动力学模型所预见的可能的地震前兆，以长期连续的监测系统严阵以待。这些观测和研究结果虽未能做出破坏性地震的成功预报，却深化了地震孕育和发生的物理机制的认识，从而为地震预测预报研究取得最终突破积累了重要的科学资料和科学认识。

（2）通过地震预报实验场中的观测实验，对地震预测预报研究中的一些科学问题给出了可靠的观测约束，并由此得到一些重要的研究线索。例如在土耳其北安纳托利亚断层带的地震预报实验场的观测以可靠的证据确定，一些地震前可能存在的"大范围介质各向异性（EDA）"所导致的S波分裂现象，在观测上是可以检验的。在冰岛地震预报实验场，甚至尝试用S波分裂现象对实际地震进行真正意义上的震前预报。应该说，迄今从地震预报实验场中得到的线索，还远远没有达到最初设计实验场的科学预期，但这些工作提供了一种地震预测预报研究的范式（paradigm），即：通过针对特定地区的密集观测，对地震预测预报的科学思路和科学方法进行"硬碰硬"的实际检验。

（3）地震预报实验场检验和否定了许多最初看起来颇有希望的地震"前兆"，揭示了地震前兆的复杂性，这是几十年来地震预报实验场工作的一个非常了不起的成绩。即使像帕克菲尔德地震预报实验场这样的密集观测，在2004年发生的地震前仍然没有"捕捉"到"理想的"地震前兆，这一现象的重要性绝不亚于发现一种新的前兆异常——不过，必须指出，在目前的认识水平下，还没有观测到任何一种前兆异常存在于所有地震的孕育过程中，因此也不能因为帕克菲尔德6.0级地震前未能监测到"理想的"前兆异常这一个案例轻易否定所有的前兆异常。比如，同是帕克菲尔德地震预报实验场，曾经监测到两次地震"前兆异常"：一次是1985年Kettleman Hills 6.1级地震（距帕克菲尔德35 km）前3天的水位变化及应变变化，另一次是1994年帕克菲尔德5.0级地震前的电磁波异常（Roeloffs, 2000）；即使对2004年的帕克菲尔德地震，在"重复地震"、应变扰动等方面，也还是逐步发现了一些"蛛丝马迹"（Bakun et al., 2005），而1993年"预期的"那次地震，很有可能落实为一次"慢地震"事件（Langbein et al., 1999）。问题的关键是，对地震前兆异常的肯定与否定，都需要"硬碰硬"的观测作为基础。而地震预报实验场的目的，正是这种"硬碰硬"的观测检验。

（4）地震预报实验场为科学的地震预报方法检验提供了理想的工作平台，通过实际检验逐步明确了地震预测预报研究和检验的"游戏规则"。目前国际地震学界普遍认为，确认一种方法具有可以成为地震前兆监测手段的潜力，至少要在环境干扰的排除、异常与地震之间关系的确认、异常的统计显著性等方面通过规范的科学检验（Wyss et al., 1997）。比如，在观测条件和研究基础较好的加州地区，曾进行各种地震预测方法的对比和检验，体现了对地震预测预报方法进行科学检验的思路（Field, 2007）。

（5）尽管地震预报实验场尚未给出"地震预报究竟是否可能"的确切的结

论，亦尚未得到普遍接受的地震预测预报方法，但由这些坚持不懈的科学研究所得到的很多"副产品"，都已经在防震减灾实践中发挥重要作用。目前为企业、社会和科学界所普遍关注的地震预警系统（EEWS）就是这样一个例子。其中一类重要的预警——现地预警（on-site EEW），在科学上与一个来自地震预报的物理问题直接相关：一个地震究竟是在它开始发生破裂的时候就"知道"自己会有多大，还是在破裂过程中"走一步看一步"（Olson et al., 2005）。地震预报实验场的科学探索，还催生了一系列地球科学项目的实施。例如帕克菲尔德实验场的工作在很大程度上对世界其他地区的地震科学钻探计划起到了促进作用。

2）以往地震预报实验场的缺陷和教训

部分地由于地震预测预报的科学问题的复杂性，迄今所见的绝大多数（如果不是全部）地震预报实验场，均存在下述明显的缺陷：

（1）对中长期地震预测的能力限度估计不足，导致对"目标地震"的危险性估计的不确定性估计不足，从而使实验场的设计缺乏"与地震博弈"的通盘考虑和长远规划。结果是，帕克菲尔德地震预报实验场"宣布失败"之后，2004年帕克菲尔德6.0级地震发生（所幸实验场中的各项观测仍在持续进行）。而北安纳托利亚地震预报实验场等，都是在实验场观测结束之后发生了"目标地震"。1996年丽江地震刚好发生在滇西地震预报实验场的边缘。在加州，"预期的"帕克菲尔德地震附近，在实验场建立之后接连发生1989年洛马普列塔地震、1992年兰德斯地震等，使人们再次认识到中长期地震预测的能力限度。从一定意义上说，初衷是面向短临预报的地震预报实验场的失败，其根本原因却是中长期地震预测预报的问题。而在这一问题得到科学上的根本解决之前，地震预报实验场不得不进行统筹考虑，以达到其最大限度的科学目标。

（2）迄今距第一个地震预报实验场的建立已有半个多世纪。到目前为止，还没有一个地震预报实验场在其工作时段和工作地区内按"预定计划"完美地"捕捉"到"目标地震"。极端地说，迄今还没有哪一个地震预报实验场项目可以宣称自己已经达到了预期的科学目标。与此相应，很多地震预报实验场在运转的过程中逐渐偏离了原来的科学目标：在预期的中强地震不发生的情况下，关注重点转向小地震；在地震预测预报研究不成功的情况下，研究重点从地震预测预报转向地震构造、地震强地面运动等方面的研究。这些研究在科学上固然也是非常重要的，却并不是地震预报实验场最初的科学目标。这一科学目标的"游移"使一些实验场从建立之后不久就已经不再是真正意义上的地震预报实验场了。

（3）由于地震预报研究需要较长时间的观测资料积累，而地震预测预报问题的难度和复杂性又大大超出地震预报实验场建立之初科学界的估计，所以在资源有限的情况下，地震预报实验场常常面临得不到长期支持的困境。尽管到目前为止全球范围已建立了不下30个地震预报实验场，但真正至今仍坚持工作的（如日本东海地区）或者事实上还在坚持工作的（如美国帕克菲尔德、冰岛），则寥寥无几。造成这种情况的原因，一方面是科学发展的社会环境，但另一方面更为重要的是很多地震预报实验场建立之初就缺乏清晰的、切实可行的可持续发展规划。

（4）对地震预测预报的科学问题的复杂性估计不足，导致迄今绝大多数地震预报实验场都基本上（如果不是完全）不具备"大科学工程"所需的基本条件。事实上，面对地震预测预报这样一个复杂的科学难题，面对一个多学科、多手段"聚焦"的观测系统和连续作业、长期维护的需要，地震预报实验场首先应当按照"大科学工程"的理念和思路，进行全面细致的目标设计、科学规划、项目计划，并在运行过程中进行动态的效能评估，实施规范的过程管理。但是，与国际上普遍认同的"大科学工程"项目，例如大型粒子加速器项目、空间探测项目、深海探测项目相比，目前所见的地震预报实验场，在很多方面还缺少"大科学工程"所必不可少的基本要素。在科学上，一些实验场简单强调"加密观测"，一些实验场简单强调"前兆"观测检验，几乎所有的实验场都把"捕捉"地震作为一个工作目标，但几乎所有的实验场都没有一个"如果捕捉地震的努力失败应该怎么办"的预案性的应对机制。

3. 地震预报实验场的科学思路和科学目标问题

目前，地震科学中的一个有意义的科学概念，是地震的可预报性（predictability）。现在比较清楚的是，在现有的科学认识条件下，地震的一些性质看来还是可以预测的，另一些性质现在还无法预测。对这些可预测的性质的预测，可以用来为社会服务；这些可预测的性质，同时也是进一步研究的基础。地震预测预报研究，即是通过不断深化对地震的"可预测性"的科学认识，循序渐进地提升地震预测预报的科学水平和实际预测能力[6]。

也就是说，尽管地震预报目前仍非常困难，如果在一个比较广泛的意义上理解地震预测预报，那么地震预测预报研究包括地震预报实验场研究，不仅可以在有限的时间和范围里取得实实在在的科学认识上的进展，而且有可能在现有的科技条件下为社会的防震减灾提供服务。这种服务实际上已经并正在防震减灾中发挥着重要作用。

1）前兆和异常的检验：地震预报实验场的"底线"科学目标

迄今报道的"异常"和"前兆"，其可靠性和有效性还需要认真的系统研究。20世纪60年代以来，地震前兆的研究尽管仍未得到可以成功进行地震预报的结果，却在3个方面取得科学认识上的重要进展。

---

[6]　http://www.iaspei.org/cape_town_2009/Jordan_IASPEI_Final.pdf.

（1）20世纪60年代以来，人们系统地、批判性地检验和否定了一批地震"前兆"，这不仅是地震预测预报研究的科学性的必然要求，也如同爱迪生发明电灯时对各种材料进行的试验一样，对于未来的突破是必不可少的。20世纪60年代以来，已经积累了大量地震"前兆"的案例。其中一些观测手段被认为是有希望的。目前，科学上既不能肯定、也不能否定这些手段的作用，而这就需要通过实验场来进行更进一步的观测检验。重要的是，随着科学技术的发展，不断有新的观测手段和新的技术可以在地震预测预报的探索中得到应用。确认这些新的技术和新的手段在地震预测预报中是否真正能发挥作用，已不需要像对历史上已经研究过的"前兆"那样走那么多的弯路。地震预报实验场提供了这种研究的一个理想的平台。

（2）基于对地震成因问题的理解，人们试图将不同观测手段得到的信息放在一个统一的物理背景下进行解释。这是地震预测预报走向"物理预报"的开始。实际上，在以往近半个世纪的地震预测预报研究中，比批判性地否定了很多地震"前兆异常"的有效性更为重要的，是在思路上否定了原来简单的"寻找异常、用异常报地震"的技术路线的有效性。现在越来越多地认识到，地震前"应该"可能观测到什么现象，是和具体的地球动力学过程、和具体的地震的孕育和发生过程有关的（吴忠良等，2006）。与此相关的是，对地震前兆异常的观测和检验，一定要结合不同地区、不同地震的具体情况才行，实验场则是进一步阐明这一问题的理想场所。

（3）经过将近半个世纪的摸索和实践，人们清楚地认识到在地震预测预报研究中没有统计是不行的，但是，只用统计也不足以解决地震预测预报的科学问题。目前，主流科学界对监测和预测工作中排除干扰、识别"异常"的方法，对评估预测是否"有效"的方法，已有越来越多的共识。这是统计应用于地震预测预报研究的最为重要的进展之一。目前，中国地震预测预报研究领域对这一进展的忽视和轻视，是2008年汶川地震后很多新闻媒体报道中不断出现误导的根本原因。不过，前兆或预报的统计检验，同样离不开地震和地震区的具体情况，对这个问题的忽视也正是目前国际上的一些误导和争论的认识盲区。清楚地阐明这一问题，同样需要地震预报实验场。

2）地震预报实验场的基础科学研究目标

地震预报实验场建立之初，对前兆观测手段的检验是一个重要的科学目标。但是从地震预测预报研究的角度看，地震预报实验场的科学目标，决不只是可能的地震前兆和地震预测预报方法的检验。从基础科学发展的角度，地震预报实验场的主要科学目标有3个方面：

（1）地震预报实验场试图围绕一个构造比较明确，中长期地震危险性比较突出，研究基础比较好的地区，针对一个未来可能发生的强震的"想定情景"，来检验以往关于地震孕育、地震发生、地震预测预报方案的想法究竟是否正确，并在这种建立观测约束的努力中深化对于地震成因和地震预测预报问题的认识。

（2）随着科学技术的发展和社会的发展，越来越多的新技术手段开始加入地震的研究和地震预测预报的探索。所有的新技术手段进入地震预测预报研究，都需经过必要的观测实验和预测检验。地震预报实验场的科学目标是建立一个研究平台，以在阐明相关观测的物理意义，在排除干扰、科学评估所得观测信息的可靠性和预测效能等方面提供更为合理的技术方案。

（3）现在已经比较清楚的是，全球大多数地震都分布在岩石圈构造板块的边界带上；中国大陆的绝大多数7级以上强震，都分布在"构造块体"的边界带上。2001年11月14日昆仑山口西8级地震和2008年5月12日汶川8级地震，都发生在构造块体边界带上。自然的思路是，应该对中国大陆上的所有有条件发震、并有可能成灾的块体边界带，进行详细的调查和严密的监测。问题是，针对这些地区的监测应如何进行，才能最大限度地发挥监测系统的作用，以真正能够监测到地震孕育和发生的信息。汶川地震启示我们，要实现这种监测目标，简单地"加密"既无法真正解决问题，也很难进行实际操作；"守株待兔"式"捕捉前兆"的思路亦过于简单。地震预报实验场的科学目标是，通过实验场的工作，为更大范围的监测和研究提供经验。事实上，很多在地震预报实验场中得到的监测研究的经验，例如圣安德烈斯断层上的地震深钻相关的研究项目，已经开始借鉴到其他地区。

因此，从科学上，检验以往关于地震成因和地震预测预报的想法是否成立、将新的观测手段整合到地震预测预报研究中来、为其他地区的地震监测预报提供经验，是地震预报实验场的科学目标。

3）地震预报实验场的实际意义

即使在短期内还很难看到地震预报问题取得突破和最终解决的可能性，即使不考虑基础科学研究中长期积累的必要性，即使对中国这样一个经济、社会、科技方面的发展中国家，地震预报实验场的实际意义也十分明显。

防震减灾中不仅包括地震监测预报，而且包括震灾防御、地震应急救援等诸多环节，这些环节同样需要以高科技含量的工作为基础，在这些高科技含量的工作中，地震构造、地震复发特征、活断层、地震危险性、深部和近地表构造等都是重要的科学信息——汶川的教训之一是，那些位于断层带上的工程建筑、那些在断层带附近位于断层"上盘"的工程建筑，在地震中遭受的破坏最为严重，而这些断层带的位置和断层"上盘"的位置，在很大程度上是可以探测得到的。地震预报实验场的建立，目的之一就是通过对当地的地震构造、地震复发特征、活断层、深部和近地表构造等的详细研究，为震灾防御和地震应急救援提供扎实的科学信息，并开展与实验场研究配套的减灾对策研究，从而使实验场区成为震灾防御和应急救援的"典型示范区"。实验场的建立主要目的是通过集中的多学科、多手段的观测研究，通过观测、研究、监测、模拟等工作的结合，使实验场区和围绕实验场建立的观测系统、数据分析系统、模拟系统和预测预警系统等成为地震监测和地震预报的"专业参谋部"，为建立"长中短临与震后"多路探索的分析预报体系（刘桂萍，2010）提供必要的科技支持和决策参考。地震预报实验场所进行的研究当然是针对地震，特别是地震预报问题的，但地震预报实验场所得到的观测资料，其应用范围却绝不限于地震研究。从面向地球内部的大型科学实验的角度看，地震预报实验场通过向科学界提供高质量的观测数据，向社会提供高科技含量的科技产品，显然可使实验场成为科技创新和能力建设的"开放实验室"。当然，"典型示范区""专业参谋部""开放实验室"的基础，还是高质量的观测。

4. 与地震博弈：地震预报实验场的计划

几十年来地震预报实验场的实践表明，一些实验场及其附近在实验期间前后确实发生了中强地震。例如，1989年洛马普列塔地震和1992年兰德斯地震距帕克菲尔德实验场都不远，如果该实验场的范围再大一些，就可以"捕捉"到这两次地震的更多信息；1996年丽江7.0级地震的震中，恰在滇西地震预报实验场的北缘；1999年伊兹米特7.4级地震发生在土耳其地震预报实验场内，只是没有发生在实验场的"工作时段"；1997年勘察加7.8级地震，也发生在勘察加地震预报实验场内。这些事实说明，地震预报实验场确实存在与地震"近距离接触"的机会。当然，即使这些地震恰好发生在实验场内，即使这些实验场在地震发生时处于正常运行状态，也不能保证可以对上述地震做出成功的预报和警报，因为地震预报实验场的目标毕竟是对一个结论未知的科学问题开展科学实验。但是，这些地震的观测至少可以积累丰富的科学资料。

针对目前对地震的孕育和发生过程的理解，考虑过去半个世纪以来地震预测预报研究的经验教训，从一个更为广泛的意义上和一个对社会更有现实帮助的意义上理解地震预测预报，对于可能的地震监测预报方案和地震预报实验场工作方案的"桌面推演"式设想如下。

（1）在中长期时间尺度上，通过应力测量、地震参数、"重复地震"、卫星影像、形变测量等，确定可能的高应力段或应变积累段；通过深部构造、活断层分段、古地震、微震活动等，确定在这些高应力段或应变积累段中的"闭锁段"或"凹凸体"；通过地震"复发"特征、地震活动、蠕变性质、应力场模拟等综合分析，确定相关段落"距下次地震还有多远"。

（2）在中短期时间尺度上，针对地震断层（地震发生的"内因"），通过微震活动性、介质时间变化的动态监测（例如C^3技术、主动源探测技术）、S波分裂等，就地震断层带的力学性能、流体作用等进行详细的调查研究，并确定其与"临界点"的距离。针对环境效应（地震发生的"外因"），在中长期地震危险性估计的背景下，通过"地震触发"、ETS观测等，确定中短期时间尺度上的地震危险性。

（3）根据不同段落的地震孕育和发生的具体模型，根据对前兆与应力场的关系（"场兆"）、前兆与发震断层的"失稳"的关系（"源兆"）的理解，确定"目标地震"的"预期前兆"的观测、监测和预测检验方案。

地震预报实验场不是一个简单的研究项目，而是一个面向复杂科学问题的"大科学"工程，因此在实验场的设计和实施过程中，需要就观测、监测和预测预报等的方案，确定若干技术规范，包括：不同技术手段的组织实施规范，不同技术手段的数据汇交规范，不同技术手段的质量认证规范，前兆异常判定和预测效能检验的规范，地震预警信息发布的规范，出现一些异常后实验场进行响应性的强化监测的规范，强地震发生后实验场进行响应性的震后强化监测的规范，实验场推出科学产品、披露监测预报信息的规范。

根据中国大陆地震震例的前兆异常统计（蒋海昆等，2009），绝大多数"疑似"地震前兆出现在距震中300 km以内；随震级的增大，异常出现的范围有扩大的趋势。前兆异常出现的范围（R）与震源体破裂尺度（L）有关，一般是破裂尺度（L）的2—3倍。这是在设计能够实现有效监测的前兆监测系统时应该考虑的第一个问题，它给出了在完全不考虑局部孕震环境的情况下，简单地按"均匀布设"原则部署作为背景监测的地震前兆监测系统的底线条件。

地震前兆异常通常具有一定的阶段性特征。这种阶段性特征表现为长期缓慢变化、震前快速变化、震时突变和震后调整等4个阶段。对《中国震例》收录的185个有前兆观测异常的震例，针对异常持续时间的频次分布，按不同震级进行统计，结果表明异常持续时间主要分布在4年内，少数异常持续时间超过10年。

同时必须考虑的一个因素是，确认所观测到的"异常"是有意义的异常，通常需要2—3倍时间的背景观测。因此，为确认以往观测到的前兆异常是否成立，地震预报实验场的连续观测时间一般应设计为10—30年。

我国地震前兆观测项目较多，目前建立的地震前兆观测网络主要由形变、电磁、地下水等三大前兆学科、几十种观测项目构成。除常规观测项目外，还有一些试验性的研究项目，如卫星热红外观测、地震电磁波扰动观测等。

在前述的汶川地震的"多单元组合"孕育模型中，若要有效地监测到地震前兆变化，就需要首先考虑不同构造单元上的"预期前兆"。也许简单地将孕震系统分成加载、支撑、闭锁等3个单元仍显简单化，但它要说明的问题是，以为我们密集地部署一批仪器，然后凭着仪器记录的"异常"来对未来的地震进行预报，实际上是一个天真的想法。汶川地震的前兆异常统计给出的教训之一就是，这种天真的想法在一定程度上存在致命的误导性。例如，汶川地震前，在加载单元出现大范围的大应变、在支撑单元中前兆很少的情况，使地震预报专家没有也不可能将注意力集中于龙门山断裂带。而在"均匀加密监测"的简单设计思想的指导下，在闭锁单元可用的监测手段很少。

未来的地震预报实验场的设计思路之一，就是要充分考虑每一个未来地震的"想定场景"的不同版本，搞清这一未来地震的可能的孕育和发生模式，并针对这一未来地震的孕育和发生的模式，设计有针对性的监测系统，来考察所研究的地震前兆异常和地震预测预报方法是否有效。

5. 结论和讨论：走向物理预报

本文系统讨论了地震预报实验场的科学目标和科学问题。试图有所创新的思路是，针对不同发震断层带上的"想定地震破裂"，给出相应的地壳形变和地震孕育的"想定模式"，并针对这一"想定模式"来设计观测项目、监测系统和预报策略。为此，实验场的目标，是通过地质和地球物理观测研究，对相关的构造物理模型实现有效约束；通过针对具体的"想定地震破裂"的监测系统的设计，对相关的地震断层实现有效控制；通过针对具体地区的预报策略的设计和实现，以及长期稳定的观测实验，对相关的假说和前兆"异常"进行有效检验。根据这种"有效约束、有效控制、有效检验"的目标，"从统计预报、经验预报转向物理预报"，已不再是一个抽象的仅具有旗帜性的口号。两个重要的突破口，一个是"统计物理预报"，一个是"构造物理预报"。

在国际地震研究的参考系中，这些概念实际上并不陌生。这些概念所反映的，无非是国际同行所说的Monitoring and Modeling for Prediction（MMP）的概念的具体化。日本同行已经按照这一思路，在东海地区"严阵以待"[7]。

因此，为回答"说清楚你们的计划对地震预报研究究竟有什么（可考核

---

[7] Hoshiba, M., 2006. Current strategy for prediction of Tokai earthquake and its recent topics. http://cais.gsi.go.jp/UJNR/6th/orally/O04_UJNR_Hoshiba.pdf.

的）用处"这一问题，实际上可以就我们现有的科学认识和工作基础，评估各关键地区的MMP"等级"和整个中国大陆的MMP"积分"。脚踏实地的地震监测预报能力的加强，实际上可以落实在实验场区MMP"等级"的提升，和整个中国大陆地区MMP"积分"的持续增加。

目前，地震预报研究与实践中的一个值得注意的问题是，我们实际上在科学认识方面还没有能够充分地利用现有的地震科学基础研究成果，而在实际监测预报方面还没有能够在现有的科学认识的基础上实现有效的监测和模型约束。这既是这一领域中有如此多的争论的一个重要原因，也是地震预报实验场目前具有现实可行性的科学基础。地震预报实验场试图研究和解决的一个重要问题是，在能够充分利用目前地震科学的基础研究成果的条件下，在已经形成有效的监测和模型约束的情况下，我们对地震的预测预报能力究竟能够达到什么水平。

参考文献

Bakun, W. H., Aagaard, B., Dost, B. et al.. Implications for prediction and hazard assessment from the 2004 Parkfield earthquake. Nature, 2005, 437: 969–974.

Davis, J. F. and Somerville, P. Comparison of earthquake prediction approaches in the Tokai area of Japan and in California. Bull. Seism. Soc. Amer., 1982, 72: S367–S392.

Field, E. H. Special Issue - Regional Earthquake Likelihood Models. Seism. Res. Lett., 2007, 78(1): 1–140.

Harris, R. A. Special Section – Stress Triggers, Stress Shadows, and Implication for Seismic Hazard. J. Geophys. Res., 1998, 103: 24347–24572.

Harris, R. A. Stress triggers, stress shadows, and seismic hazard. In: Lee, W. H. K., Kanamori, H., Jennings, P. C. and Kisslinger, C. (eds.), International Handbook of Earthquake and Engineering Seismology, Amsterdam: Academic Press, 2003, 1217–1232.

Johnson, K. M., Segall, P. and Yu, S. B. A viscoelastic earthquake cycle model for Taiwan. J. Geophys. Res., 110: B10404, doi:10.1029/2004JB003516, 2005.

Langbein, J., Gwyther, R., Hart, R. H. G., et al.. Slip rate increase at Parkfield in 1993 detected by high-precision EDM and borehole tensor strainmeters. Geophys. Res. Lett., 1999, 26: 2529–2532.

Lin, A., Ouchi, T., Chen, A. et al.. Nature of the fault jog inferred from a deformed well in the northern Chelungpu surface rupture zone, related to the 1999 Chi-Chi, Taiwan, ML 7.3 earthquake. Bull. Seism. Soc. Amer., 2001, 91: 959–965.

Ma, K. F., Mori., J., Lee, S. J. et al.. Spatial and temporal distribution of slip for the 1999 Chi-Chi, Taiwan, earthquake. Bull. Seism. Soc. Amer., 2001, 91: 1069–1087.

Nadeau, R. M., Foxall, W., McEvilly, T. V. Clustering and periodic recurrence of microseismicities on the San Andreas fault at Parkfield, California. Science, 1995, 267: 503–507.

Niu, F., Silver, P. G., et al.. Migration of seismic scatterers associated with the 1993 Parkfield aseismic transient event. Nature, 2003, 426: 544–548.

Olson, E. L. and Allen, R. M. The deterministic nature of earthquake rupture. Nature, 2005, 438: 212–215.

Pandolfi, D., Bean, C. J. and Saccorott, G. Coda wave interferometric detection of seismic velocity changes associated with the 1999 M=3.6 event at Mt. Vesuvius. J. Geophys. Res., 33: L06306, doi:10.1029/2005GL025355, 2006.

Roeloffs, E. The Parkfield California earthquake experiment: An update in 2000. Current Science, 2000, 79: 1226–1236.

Schaff, D. P. and Richards, P. G. Repeating seismic events in China. Science, 2004, 303: 1176–1178.

Schwartz, S. Y. and Rokosky, J. M. Slow slip events and seismic tremor at Circum-Pacific subduction zones. Rev. Geophys., 45: RG3004, doi:10.1029/2006RG000208, 2007.

Shin, T. C. and Teng, T. An overview of the 1999 Chi-Chi, Taiwan, earthquake. Bull. Seism. Soc. Amer., 2001, 91: 895–913.

Wyss, M. and Dmowska, R. (eds.) Special Issue - Earthquake Prediction, State-of-the-art. Pure appl. Geophys., 1997, 149: 1–264.

杜方、闻学泽、张培震，等.2008年汶川8.0级地震前横跨龙门山断裂带的震间形变.地球物理学报,2009,52(11): 2729–2738.

刘桂萍.关于我国地震预测预报发展的几点思考.2010,30(1): 1–9.

孙其政，吴书贵.中国地震监测预测40年(1966—2006).北京: 地震出版社,2007,490–491.

吴忠良，蒋长胜.地震前兆检验的地球动力学问题——对地震预测问题争论的评述(之三).中国地震,2006,22(3): 236–241.

张国民，马宏生，王辉，等.中国大陆活动地块边界带与强震活动.地球物理学报,2005,48(3): 602–610.

张培震，闻学泽，徐锡伟，等.2008年汶川8.0级特大地震孕育和发生的多单元组合模式.科学通报,2009,54(7): 944–953.

蒋海昆，苗青壮，吴琼，等.基于震例的前兆统计特征分析.地震学报,2009,31(3): 253–267.

中国地震局"地震预测预报二十年发展设计"
工 作 组

组　长　吴忠良

副组长　刘桂萍

成　员　张晓东　沈繁銮　杨立明　徐锡伟　蒋海昆

　　　　江在森　邵志刚　周龙泉　刘耀炜　武艳强

　　　　季灵运　冯志生　付　虹　韩立波　孙小龙

　　　　王行舟　王　琼　张　晶　袁道阳

秘　书　蒋长胜

本书编写组

吴忠良　刘桂萍　邵志刚　蒋长胜　孙　珂